★★★★★
大数据行业实践与应用译丛

智能电网大数据分析

[美]卡罗尔·L. 斯蒂米尔（Carol L. Stimmel）◎著
张荣◎译

基于电网全业务数据，应用大数据分析，
实现电网诊断、需求预测和智能规划

BIG DATA ANALYTICS STRATEGIES FOR THE SMART GRID

人 民 邮 电 出 版 社
北 京

图书在版编目（C I P）数据

智能电网大数据分析 / (美) 卡罗尔·L.斯蒂米尔 (Carol L. Stimmel) 著 ; 张荣 译. -- 北京 : 人民邮电出版社, 2018.4
（大数据行业实践与应用译丛）
ISBN 978-7-115-47518-3

I. ①智… II. ①卡… ②张… III. ①数据处理－应用－智能控制－电网 IV. ①TM76-39

中国版本图书馆CIP数据核字(2017)第316728号

版权声明

◆ 著　　　[美]卡罗尔·L. 斯蒂米尔（Carol L. Stimmel）
　译　　　张　荣
　责任编辑　李　强
　责任印制　彭志环
◆ 人民邮电出版社出版发行　　北京市丰台区成寿寺路 11 号
　邮编　100164　　电子邮件　315@ptpress.com.cn
　网址　http://www.ptpress.com.cn
　大厂聚鑫印刷有限责任公司印刷
◆ 开本：700×1000　1/16
　印张：14.5　　　2018 年 4 月第 1 版
　字数：236 千字　　2018 年 4 月河北第 1 次印刷

著作权合同登记号　图字：01-2015-3539 号

定价：88.00 元

读者服务热线：(010)81055488　印装质量热线：(010)81055316
反盗版热线：(010)81055315
广告经营许可证：京东工商广登字 20170147 号

致　谢

大多数人仅对本书的这一段匆匆一瞥就注意到我忘了感谢他们，他们可能会有些恼怒或伤心。因此，对于所有允许我缺席一些重要事件、容忍我忽略了他们的短信、并接受了我为写这本书而给他们布置的任务的人，感谢你们的体谅。对于一直给予我鼓励和安慰的忠实朋友，我希望你们能明白我对你们有多感激。在这里，我要感谢的是我亲爱的朋友 Argot，她读了这本书的每一个字，她放弃了晚上和周末的休息时间来帮助我，让我开心，使我变得更好——请接受我永久和衷心的感激之情。

就写到这里吧！

献　词

本书献给我心爱的儿子杰克——为了你极富感染力的热情、不断迸发出的创意、怀疑一切的态度以及满腹的幽默感。我爱你，宝贝。

序

能源数据时代

这本书提供了一个深入的数据分析，这将有助于电力公司高管以及监管机构、投资者、大型电力用户和企业家了解行业的一些结构性变化，而这些改变是一个局外人不能看透的。对于一个混乱的未来，Carol 绘制了一条任何人都可以从中受益的行业发展路径。

——Amit Narayan 博士

预测分析和数据系统将对电力行业产生变革性影响。大数据技术的整合不仅能使电网运营更有效率，也从根本上改变了销售电力的人群、定价方式以及监管者、电力公司、电网运营商和终端用户之间的交互方式。

为了充分了解软件和硬件带来的全部影响，我们必须先退后一步，观察一下电力行业与大多数其他行业的差距有多大。电力公司通常不必通过市场份额竞争来增加收入和利润。相反，它们通过合法垄断的方式生存，享受稳定的价格，并且可以以可预测的方式收回在固定资产上的投资。电力公司最关心的是服务质量、稳定性和可靠性，而不是收入。它们是具有受托责任的公共或准公共机构，为服务领域内的每个人提供基本的服务，对社会安全和福祉产生重要的影响。如果 Facebook 关闭了两个小时，Twitter 就会闹得沸沸扬扬。但如果一个电力公司停电两个小时，高管们必须向消费者群体和管理电力事务的官员解释发生了什么事情。能源部估计，停电和电力质量问题使美国企业每年花费超过 1 000 亿美元。

为了实现这些不同水平的运营要求，电力公司把注意力集中在如何进行控制及消除不同水平的冗余上。峰值发电厂耗资数亿美元，制造一种每年只被使用 50 小时的工具，建造它们是因为它们是一种用来抵消需求的时间的经过验证

（如果效率不高）的工具。一些人反对利用太阳能和风能等可再生能源，这是因为这些能源的变异性太大。为了控制性和一致性，电力公司通过缓冲、暴力（破解）工程和有意限制可选项来弥补可见性和可预测性的缺乏。

能源互联网的搭建改变了上述措施，它能够为电力公司一次性提供实时反馈和洞察。简言之，通过能源互联网，电力公司终于知道它们的客户在做什么，他们想要什么。如今，在电力公司内部，预测是在系统层面完成的，这是一个基本的操作，但实际上它驱动电力公司所有的运营和规划决策。预测每个电表、变压器、馈线和职责范围的能力使我们能够提高这些决策的质量，并削减数十亿美元的运营费用。如果一个中型的欧洲电力公司仅在预测能力方面获得 0.1% 的提升，那么将有助于减少约 300 万美元不平衡市场的运营成本。

在实践中，是什么推动电力公司这样做的？主要影响之一是对需求响应的快速接受。联邦能源管理委员会（FERC）估计，需求响应系统基本上是用于动态控制电力消费的云计算平台，这个系统可以替代 188GW 的需求，并且仅在美国就可以避免 4 000 亿美元的峰值电厂的投资。然而，这套系统在很大程度上是针对大型电力公司和大客户的，因为它所要求的硬件成本对于大多数公司而言是负担不起的。

基于软件的需求响应使实现需求响应的成本降低了 90%。更重要的是，它首次引入了需求响应的可见性概念。电力公司，或者更准确地说是那些采用云平台的电力公司，可以一次性查看数百万用户的消费模式，并迅速确定哪些客户愿意参与 DR（需求响应）活动、这些客户为参与活动支付了多少费用以及实际上节省了多少费用。

需求响应已经从每年仅能使用几次的、成本昂贵的系统转换为一个电力公司可以日常使用的基本工具，以帮助消费者节省资金，满足社区排放标准，并最大限度地提高固定资产（如发电厂）的回报。

与硬件不同，基于软件的系统会随着时间的推移而改善。想想你自己在 Google、Amazon 或 Netflix 上的经验。这些网络平台随着不断吸收和分析更多的数据将会不断改进。同样，基于软件的需求响应系统将在电力服务方面变得更加专业和有效。可以每隔几分钟向数百万客户发布预测，以对整个地区、特定地区或特定分销部门的用户的耗电量预测进行微调。这些影响最终可能不是很明显。消费者和企业直到收到使他们惊喜的账单时才会知道他们正在节省电力。

类似地，软件可以代替传统的硬件系统进行频率调节和空转备用，在提高性能和加速采用的同时降低成本。就像我们在互联网上看到的那样，可能有无数个可以提供粒度可预测性的系统应用。

电力消耗、传输的控制性和灵活性反过来将为增加太阳能、风电、电动汽车和存储铺平道路。这些技术可以在有数字控制系统辅助的情况下被安全且更容易地集成，并为业主提供更快的投资回报。峰值和非峰值电力之间的价格差距将逐渐消失。

因此，人们将可以看到基础业务如何变化。事实上，它一直在改变。在北美，大约有44%的电力在放松管制的市场上销售。Comcast和其他公司正在进军家庭能源和零售领域。欧洲、澳大利亚和新西兰的电力零售商（这些地方的市场已经放松管制）通过与其他公司竞争，以获取和留住客户，并正在使用一些新方法来对客户习惯和负荷曲线进行细分。

使用动态数据分析和控制，让更多的电力供应商能够和电网连接起来，既可作为供方也可作为需方，他们之间的联系也会变得更加紧密。同样，消费者和企业也将更加擅长通过消费模式获利。电力零售商——在得克萨斯和英国已经成为一种特色——随着技术的放松管制将扩大到其他市场。

随着控制电源成为可能，效率也将开始明显好转，并且衡量和监测这些措施的实施结果也更加容易。同时，消费者和企业之间也会变得相互掣肘。据美国能源与环境保护局（Department of Energy and Environmental Protection Agency）表示，商业建筑消耗了美国全部能源的18%，但接近总消耗30%的电力由于浪费或低效率被白白损失掉。在全世界范围内，照明消耗所有电力的19%——超过核电站和水电站的组合发电——但自动调节亮度来节约电能的系统仍然很少。当你在晚上看着闪闪发光的城市轮廓时，你看到的不止是风景如画的景观，而是一笔巨大、长久以及看似不可阻挡的浪费。

同样，工业用户将开始采用基于云的系统来帮助控制需求费用。需求费用可占大型电力用户账单的30%。通过采用智能自动化，大型电力用户可以减少基本功耗（如白天照明），同时维持生产运行，并且避免过高的电力峰值。如果没有数据，那么也许大型电力用户只能猜测他们的电力需求是什么。数据通过严格定义可能的结果，有效地消除了风险。

数据也可用于阻挡电力盗窃。世界银行估计，每年有价值850亿美元的电力被盗。在新崛起的国家，这个问题是一场永无止境的危机：在印度大约有30%的电被盗，导致那里长期停电、生产率下降和费率上涨。但在美国这也是一个问题，有价值50亿美元的电力是被非法运营“吞掉”。

在新兴国家中，这些影响甚至更令人瞠目。国际能源机构估计，全球有超过12亿人无法获得电力，超过26亿人无法获得清洁的烹饪设施。为了缓解这个问题，这些国家的许多电网一直在提供肮脏、昂贵和低效率的柴油发电机组。这种情况的根本原因是以供应为中心的电网架构的局限性。由太阳能电池板、电池组和智能数据系统赋予活力的微电网将弥补这些不足。

的确，能源与数据的相互关联已经开始了。最初推出的智能电表——数据时代的基础元素——引起了许多危机。太平洋天然气电力公司的客户对智能电表安装使用表示抗议，声称智能电表对他们的健康构成威胁，侵犯了隐私。

但是，当你去了解一些有争议的头条新闻时，你会看到不同的画面。过去5年来，俄克拉荷马州天然气和电力公司（OG&E）已经开展了成功的项目之一，使用数据来控制能源成本、消耗和排放。该电力公司使用来自Silver Spring Networks、AutoGrid Systems和其他公司的技术，向消费者提供有关高峰定价的信息、管理用户时间计划和其他举措。在早期对6 500名客户进行的测试中，得到了一致的积极回应。客户表示，他们不知道高峰定价如何降低他们的账单费用，后来他们改变了使用空调和洗衣机的方法和时间。

OG&E已经将该计划扩展到7万个客户，并在2014年底增加到12万人次。OG&E也赢得了J.D.电力客户服务奖，这对电力公司来说是少有的，OG&E相信，在2020年前，在数据系统的帮助下，它们不需要新建任何发电厂。

智能设备的全球扩散将最终产生名副其实的数字化信息浪潮。一个典型的智能电表每月提供的数据相当于2 880只普通电表的总和。到2020年，世界各地的9.8亿智能电表每年将产生431 000 PB的数据。办公大楼的楼宇管理系统每年将产生约100 GB的信息。

实施和整合数据系统将需要时间。我们仍然必须要谨慎任何变革并考虑安全性。但是，变革是不可避免的。消费者将如何精确地与数据进行互动仍有待观察，但我认为电力行业不会走回头路。

数据是新的电力。

——Amit Narayan博士

前　言

可以肯定地说，这是一本实用的书，也是一本能够带来希望和积极改变的书。电力供应应该深深植根于普遍使用的原则。当所有人都能用上电时，清洁可靠的能源有助于减轻贫困、改善社会现状、加强经济发展。在发达国家，我们知道这是真实的。我们生活的数字化时代证明了能源安全的重要性。在全球范围内，我们看到电气化为经济发展和提高生活质量带来的重要贡献。尽管如此，要实现这个至高无上的工程成就，我们仍然面临着很大的挑战。

现代电气化系统正在蜕变，并且在众多方面是低效率的，但复杂和困难的能源业务经营条件已经在缓慢适应和提升，从而改善这些情况。然而，随着信息化双路电网的到来，我们可以直面这些挑战。这就是本书的主题，通过应用大数据分析以及对全球数百万公里电网的情境感知进行改进，我们将能够整合可再生能源系统，引入经济效益和运营效率，并将能源服务带给全球超过10亿不能使用电力的人们。从商业角度来看，电力公司在利用这些关键技术实现快速发展时的确面临着资金困难的问题——这是本书的一个观点。技术专家、电力公司利益相关者、政治机构和能源消费者要坚决采取措施来保护和改善电网的运营，以及做出必要的改变以保护我们的经济、捍卫我们的环境。

我希望凭借一个完全实现的大数据分析策略，阐明大数据分析为电力系统做出的巨大贡献。如今，电力系统能够被史无前例、容量巨大且日益增长的数据所刻画，并且这些数据是可被访问的，而且凭借这些数据，电力系统的消费者们能够瞬时提供一些强有力的洞察力，它们不仅提高了优化日常运营的能力，而且在供不应求时，是有效决策和关键沟通的核心推动力。当面临一些不确定状况时，如极端天气或其他灾害，也能够保证电力输送的安全性和连续性。

今天我们几乎不会看到电网发生故障的情况，但在过去的几十年里，系统的可靠性和效率很低，而且变革一直来得很慢。对于全社会而言，我们必须设法使电网更有弹性、安全、高效、可靠，并且能够与消费者的生活相融合。智能电网大数据分析固有的技术创新是实现上述目标的第一步并且是踏向美好未来的第一步。

——Carol L. Stimmel

作者简介

Carol L. Stimmel 于 1991 年在为气候研究写代码和为 3D 系统建模时开始使用“大数据分析”一词——很多年后，这个词已经变成流行词。在这 23 年中，她花了 7 年的时间关注能源行业，包括智能电网数据分析、微电网、家用自动化、数据安全和隐私、智能电网标准和可再生发电。她在职业生涯中的大部分时间参与了新兴技术市场研究，包括做工程、设计新产品以及向电力公司和其他能源行业的利益相关者提供市场情报和数据分析。

Carol 拥有和经营一家数字取证公司，曾与尖端的创业团队合作，共同撰写了关于组织管理的权威作品：*The Manager Pool*（《经理池》），并在 Gartner、E. Source、Tendril 和 Navigant Research 担任领导。她是一家研究和咨询可持续发展公司——Manifest Mind 有限责任公司的创始人兼首席执行官，该公司为先进的技术项目提供了严格的基于行动的洞察，为人类和环境创造和维护健康的生态系统。Carol 拥有兰道尔夫—麦肯女子学院的哲学学士学位。

目　录

第一部分　数据分析的变革力量

第一部分

数据分析的变革力量

Big Data
Analytics Strategies
for the Smart Grid

CHAPTER 1

第1章

将智能引入电网

燃料系统大楼中的模拟计算机（资料来源：NASA[1]）

1.1 章节目标

智能电网数据分析在提供电力和管理消费的业务和实际运营中发挥着越来

[1] 图像从公共领域检索。

越重要的作用。虽然电力公司在将数据分析整合到企业过程中起步艰难，但是如果要完成现代化电网的使命，数据科学仍起着至关重要的作用。本章介绍智能电网的全部驱动因素；数据分析的关键作用、实施数据分析的挑战，以及为什么没有一个全面的数据分析程序就不可能实现一个清洁、可靠和高效的电网。

1.2 建立数据驱动型电力公司的必要性

当“桑迪”飓风袭击美国的大西洋和东北地区时，21 个州 850 万人几周内不能用电。复杂的天气状况证明了现有的电网基础设施的脆弱性，困难重重的重建工作也凸显出一个不可避免的事实：世界上最大的机器正在加速衰退。虽然智能电网肯定不能完全防止自然灾害中发生停电，但其信息基础设施在重大破坏性事件中为客户和我们的日常生活提供了新的服务水平保证。然而，尽管电网一直在持续改进，但由于受到老化基础设施、高的电力需求和自然事件的综合影响，全球电网严重的停电现象呈现加剧的趋势。仅在美国，电力系统自 20 世纪 60 年代以来每 10 年就经历一次大规模的停电，而在过去的 10 年中，电力系统断电的频率和持续时间都不断增加。[2]

令情况更趋复杂的是，20 世纪 70 年代，由于石油危机，在此方面的研发费用紧张。大量的投资主要用于寻找新的化石燃料资源。[3] 当 2009 年美国复苏与再投资法案（ARRA）直接把几十亿美元投向建设现代化电网和资助先进技术部署、可再生能源项目，以及先进的电池系统时，大规模的投资仅经历了一次好转。然而，投资滞后的危害已经产生了。一如既往的电网管理方法和对技术创新的忽视形成一个致命组合，使电网快速满足可靠性需求的能力降低。

[2] Joe Eto，“美国电力可靠性变化趋势”（2012 年 10 月），IEEE Smart Grid。

[3] Jan Martin Witte，“公共能源与电力研发的状况与趋势：从跨大西洋的角度看”（2009 年），全球公共政策研究所能源政策文件系列。

虽然其他发达国家比美国稍好一些，特别是那些在第二次世界大战中遭受重创后重建基础设施的国家，但对它们而言衰退和弹性并不是唯一重要的问题。其他更急迫的问题促进了智能电网的发展：世界上有10亿多人无法使用电力，并且随着人为引起的气候变化的影响越来越令人担忧，各国纷纷开展合作，寻求一种更加节约、有效和可再生的发电方式。智能电网使所有这些解决世界各地资源短缺和电力供应问题的方法成为可能。

电力供应与良性经济之间的关系是毋庸置疑的。高品质的能源输送服务对于发达国家来说是必不可少的，特别是考虑到发达国家停电成本高，一年几乎损失几十亿美元。在能源极度贫乏的国家，几十亿人依靠危害健康、肮脏和污染的燃料，每天都会花费几小时的时间来收集它们以满足基本生活需要，如仅仅为了做饭，而不是照明、取暖或制冷。而现在，我们能够使用在经济、社会和环境方面可行的清洁技术来弥补这种可怕的电气化差距。

在发达国家，智能电力发展的步伐可以作为全球解决方案的参考架构。尽管在发达国家中随着建筑的增加和车辆效率的提高，电力需求可能保持稳定，但发展中国家的需求正在强劲增长，正如美国能源信息管理局（EIA）所指出的那样（见图1.1），强劲增长的电力需求为实施可持续的能源解决方案创造了机会。

经济驱动因素、碳减排、监管合规性以及推动住宅、商业和工业客户提供自主管理能源成本和消费，这些因素驱动着现代化电网和智能电力的诞生。

目前，集中化的电力供应模式以及薄弱、传统和人工的电力输送模式根本无法满足智能分布式电力系统可以实现的能源和效率的需求。基于信息的电网解决方案能够实现自主运行，高效率、高可靠性和更高的电力质量，是我们为确保可靠的电力服务和创造全球百姓的能源未来而提供的最佳解决方案。智能电网技术提供通用和清洁的电气化的生活方式，通过实现各种效率和可再生能源发电来缓解气候变化，并使我们能够享受到更加便宜、安全可靠的电力服务。为了完全实现这一目标，电力公司必须采取数据驱动的运作方式，否则无路可走。

随着传感器、智能设备、先进设备和分布式系统集成到电网中，各种形式的数据将以不断增长的速度和数量注入电力公司。通过精心设计，采用可扩展的方法，就能够用数据分析来了解电网的实时情况、获取以往的事件数据的焦点，以及通过最佳且最有效的方式满足客户需求、运营业务并改善系统设计和性能。

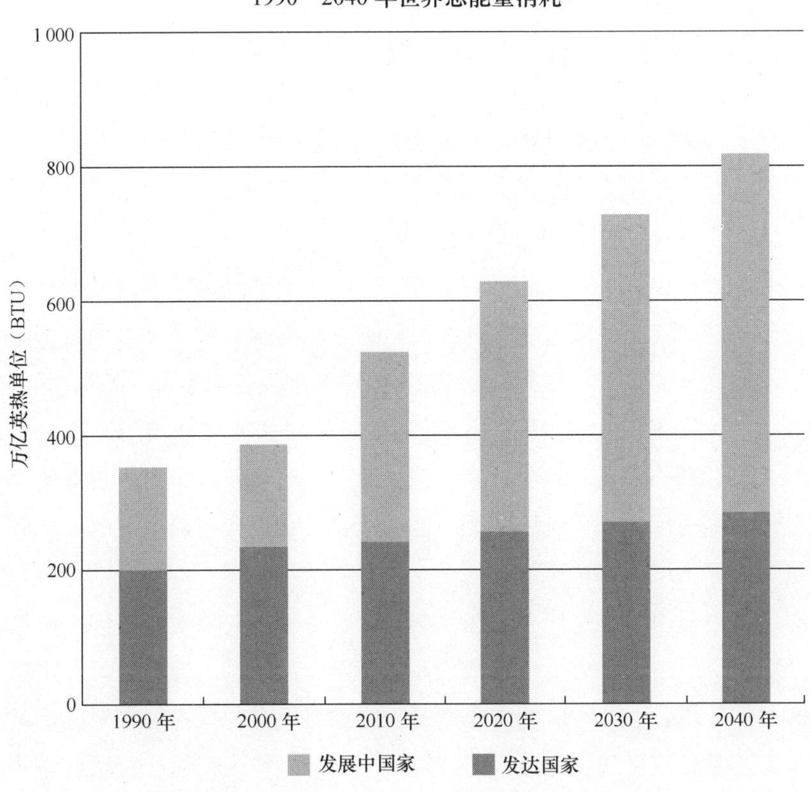

注：BTU= 英制热单位。
资料来源：美国能源信息管理局，2013 年国际能源展望

图 1.1　发展中国家能源需求预测强劲增长

1.3　大数据：当我们看到它时，我们了解了

在电力行业，数据量的增长才刚开始，可以预见会有越来越多的数据在电网内流动起来，这是前所未有的。然而，可能是因为大数据是个流行词，向那些一无所知的人定义“大数据”这个概念是一件棘手的事。大数据是一个相对抽象的术语；而在全球范围内广泛报道的是，我们每天收集 2 500 万字节的信息，到 2020 年，这一数字将有望增长 40 多倍。尽管许多数据分析师希望将电表数值和数据包大小“变换”成电力公司的数据量的估计值，但纵使这个数计算得

很准确，它也不能告诉我们更多的信息。“大数据”只是描述数据问题、数据难度、数据管理工具、数据科学问题和数据集合的术语。Gartner Research 公司 Doug Laney 在研究中首先归纳了大数据的 3 个特征，现在巧妙地称为“3V”，这 3 个“V”分别代表大量、高速和多样。值得注意的是还有一个非官方的第 4 个“V”，表示价值。

麦肯锡公司采用叙述方式来描述大数据：“它是指一般的数据库软件无法采集、存储、管理和分析的数据集合。”进一步说，“它的定义可以根据行业的不同而变化，这取决于通常可用的软件工具类型和特定行业中常见的数据集合的大小。”[4] 因此，实质上，当企业的数据量变得如此庞大以至于开始引起问题时，它才成为“大数据”。我更喜欢美国最高法院前法官波特 · 斯图尔特（Potter Stewart）在审理一个猥亵案件中阐述的观点：“当我看到它时，我就了解了”。鉴于数据收集的范围越来越广，反射性的定义可能确实是最有用的：大数据就是大量的数据，并且会越来越大。

对于电力公司来说，利用这些数据量意味着除了要寻找一些传统信息源之外，还要看智能电表、数字传感器和控制设备、批发市场数据、天气数据甚至社交媒体的信息。数据的广度和深度对于能源提供商利益相关者来说是无法抗拒的，但还是有进展的。如果我们使用智能电网，那么无论从技术还是从业务的角度看收集和管理智能电表数据都是最容易的，因为它体现了电力公司的生命线——从电表到现金。首先进入智能电表数据管理系统（MDMS）领域的许多供应商往往希望与电力公司建立长期的关系，并且成为受信任的提供商，由于这个系统具备非常灵敏的功能，因此，有助于减少数据分析的偏差。

虽然这应该是一个好兆头，但是太多使用智能电表的电力公司没有更进一步分析更细粒度的电表数据（包括远超过消费值的数据），并且它们依赖于智能电表每月自动累计数据的功能能够更好地与传统系统进行集成，将剩余的数据丢弃或将其留到以后用。领先的 MDMS 供应商正试图通过数据分析工具及其产品来推动这些落后者。然而，买家要小心；这些“分析工具”通常只不过是有华而不实的报告功能，无法满足电力公司对数据分析能力的真正需求，并且可能破坏真正的数据科学的成就。此外，即便智能电表数据能够进行有效的数据

---

[4] 麦肯锡公司 James Mayika、Michael Chui、Brad Brown 和 Jacques Bughin，《大数据：创新、竞争和生产力的下一个前沿》。

分析，只有当来自整个企业和第三方来源的数据融合在一起并以最大的预测能力进行累加时，这些模型的实质性价值才会体现出来。

1.4 什么是数据分析

与“大数据”相似，术语“数据分析”是一个新词，这个词虽然为我们所熟知，但大部分人不知道它的准确用法。要想用好这个词，我们必须深入理解数据分析是什么以及它们是如何由数据科学驱动的。与那些旨在向业务利益相关者回答非常具体的问题的报告相比（事实上，报告过程通常会被反复调整以精确地趋于正在寻找的答案），数据分析有助于我们提升解决未知问题的能力。实际上，分析模型不外乎就是经常被称为执行控制台的电子表格和演示文稿。

电力公司大数据分析是在数字能源生态系统内技术的应用，旨在揭示洞察力，帮助电力公司解释、预测和发现潜在的机会，以提高运营和业务效率，并提供真实的情境感知。

数据分析并不像收集一些数据和统计数据那么简单，它本身就是整个智能电网数据分析难题的一部分。甚至在考虑数据融合、网络分析、集群分析、时间序列分析和机器学习等令人生畏的技术之前，必须首先进行底层数据的收集和组织。考虑到整个电力公司要提供各种各样的数据，收集数据本身就是一个挑战。组织数据是数据分析工作真正的开始，该过程包括清理（修复不良值、平滑和填充空白）、加入各种数据集，并将其全部存储在某种类型的数据仓库中。然后才能进行数据分析，但即便如此，仍然不能完成高级分析。一旦数据分析完毕，处理过的数据必须以一种易于接受的方式展现给用户，以提升用户的感知，进而扩大成果。如果得到的信息不能被用户理解、无法得出任何结论、不能依据结论采取任何行动，那么即使是经过了复杂的数据清洗和高级分析过程也是无效的。

数据分析的架构

大数据的出现给我们所熟悉的数据处理方式带来了巨大的冲击。

自从银行和电信行业首次采用数据仓库以来，提取—转换—加载（ETL）流程一直是其“谋生之道”。使用 ETL，数据能够以可控和可靠的方式可预测地从数据源流动到数据存储区。简言之，ETL 的含义如下。

- **提取** 从数据源读取各种格式的数据，包括关系数据或原始数据。
- **转换** 将提取的数据从现有格式转换为目标数据库的格式，然后根据预定模型与其他数据组合。
- **加载** 将数据写入目标数据仓库。

当处理一些一致、可重复和用可验证的监管链加标记的数据时，ETL 是非常有用的。传统上，数据生成、转换和消费有不同的系统。然而，对于大数据而言，ETL 基础架构昂贵，并不像有些新技术那样容易扩展，例如，Hadoop 是一种允许跨计算机集群分布式处理大型数据集的开源框架，号称“21 世纪的瑞士军刀”。它不仅能够实现对数据的处理和管理，还能够为用户直接提供消费数据，而不用来回移动数据。新方法大大减少了数据延迟（不会从系统复制到系统），不需要额外的硬件，并且可以减少软件许可费。与此同时，支持 ETL 的人们还在继续辩称，类似 Hadoop 这样的工具只需整合 ETL 流程中的各个步骤，通过在单个引擎上运行来适应大数据性能和扩展需求。他们还认为，经过时间考验的最佳实践的好处不应该被粗心地忽略掉。

图 1.2 展示了数据从收集到处理是如何移动的。电力公司需要建立一个全面的数据管理系统以支持高级分析，然而这个需要花费几百万美元的方案能否实现，关键在于能否真正地在虚拟空间和物理空间上同时实现这些数据的流动。

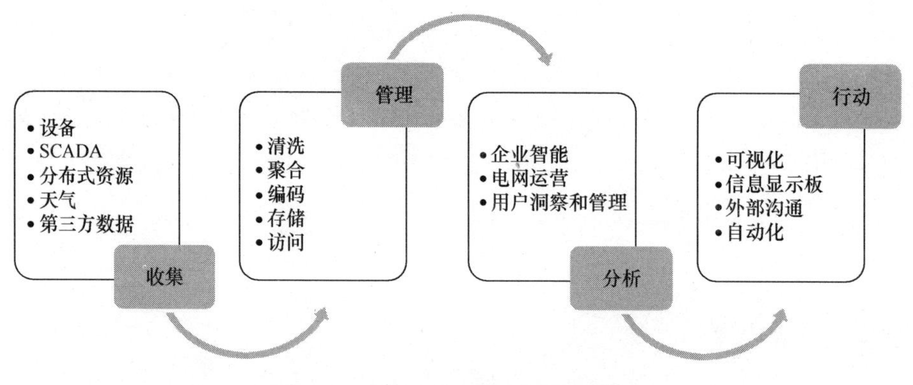

图 1.2 电力公司中的高级数据流动

1.5 从头开始

尽管数据分析给电力公司运营和客户服务带来了明显的优势，但大多数电力公司并没有有效且高效地使用它们的数据。构建一个覆盖整个企业的数据分析程序是一项复杂、耗时、费用昂贵的艰巨任务。虽然电力公司在采购和响应来自智能电表、断电管理系统以及监控和数据采集（SCADA）系统的数据方面取得了长足进展，但是在使用数据分析来提高客户服务质量、资产绩效、网络可靠性和运营效率方面进展较慢。[5] 当涉及大数据科学方面，电力公司就处在了一个非常弱势的地位。

在数据分析中试图引入轻微的变化可能是不明智的选择。电网现代化不仅挑战了电力供应的技术方法，而且也挑战了有百年历史的商业模式的根基。目前的电力输送的商业模式正在随着新推出的分布式能源（DER）和由新技术变革驱动的新经济体制而动摇，不适应这些变化的电力公司将会面临中介化、空洞化及最终损失大批纳税客户的风险。

通过实施先进技术来支持不断发展的电力供应模式的电力公司现在正在向前发展，它们将能够最大限度地应对在多能源发电、零排放负荷平衡和能源效率方面大量增加可再生能源的挑战。小型个人喜好的数据分析项目和特殊团队不足以在这个新的生态系统中茁壮成长。在实施智能电网数据分析方面要想向前迈出第一步，需要这个新生态系统的持续可靠运行和业务优化。

1.5.1 注意差距

电力公司一直无法有效利用智能电网数据的主要原因之一是极其缺乏大型数据管理、数据分析和数据科学方面的专家。这个问题不是电力行业独有的，实际上每个公司都有这种技能差距（事实上，几乎每个数据驱动的市场部门都在努力）。解决数据问题需要专业的技能，直到如今也很少有学术课程专注于大数据和大数据分析。从不存在可以随时下水的新兵。在未来几年内，该领域将

[5] Oracle,《电力公司和大数据：加速推动价值》(2013 年)。

创造几百万个新的工作岗位，过去并不受高度追捧的电力公司正在争取人才。目前，已经认识到这种人才缺乏的公司正在努力训练现有的员工、招聘新人，将数据分析外包给第三方，或者投资于预先打包好的数据分析解决方案。

但是数据科学本身并不是一门简单的学科，这使在高度专业化的电力行业中聘用这些学科的专家特别具有挑战性。数据科学家不仅需要知道如何进行数据处理，还必须知道如何在各种提供大量不同的数据的平台上操作各种工具。除此之外，他们必须具备商业敏锐度和对晦涩话题的理解能力，如电力工程、能源市场和需求响应。尽管我们很希望有现成软件，但现成软件在解决电力业务问题上却无能为力。对能源有见解的数据科学家有能力改变电力公司对世界的看法，并完成业务。从根本上说，数据分析的重点就是让我们“远离”原始数据。只有当小麦与麦壳分离，潜在的信息模型出现时我们才能获取信息。

1.5.2 文化转型

研究人员多年来一直在提高信息技术与运营技术的融合（IT—OT），并且IT—OT是另一个不符合行业标准定义的术语，这是相对的。在电力行业中，我们经常看到各功能之间有严格的分界线。IT人员通常负责管理企业的交易方面：计费、会计、资产管理、人力资源和客户记录。企业的OT人员负责管理分销业务、监控基础设施和控制中心式系统，并监督电网各系统之间许多非人为的交互。在系统运营商和公司各部门之间有着巨大的需求。在过去的几十年中，这个结构已经达到了企业的目标，而且这些在适当位置的系统已经沿着这些功能路线构成自身模型。

现在，电网现代化不仅推动了技术变革，也带动了业务变化。IT和OT部门以及系统必须结合起来，共同合作。电力公司有许多交叉的业务流程需要完善，缺乏一体化导致决策不佳或不了解情况、难以满足合规性要求、沟通不畅、业务运营效率低，以及无法有效地向外部利益相关者报告。

最简单的是，IT—OT融合意味着IT系统能够使用运营数据，从而为企业提供更广泛的情境感知。资产管理分析就是一个主要的例子。良性资产模型可以通过在基于诸如温度、压力、负荷和短路，以及故障事件等信息的OT数据中分析和寻找模式来构建——所有数据对如何管理特定资产和进行替换安排做出改进决策有促进作用。事实上，资产分析最重要的好处是在管理资本和维护支出的同时，减少灾难性断电。

1.5.3 个人案例研究

另一个是我自己遇到的关于 IT—OT 融合的实例，它说明能成功融合电力系统对处理重大的断电事件是多么重要。当我在写这本书时，房间的灯灭了。这是意料之中的，因为我的家乡（科罗拉多州）正处于"千年洪水"之中。随着雨季降雨增多，这里的电力基础设施让我们很失望。这不仅意味着我们没有灯光，也意味着我们失去了信息。我们的社区进行了人员疏散，房屋摇摇欲坠，人们被困，道路垮掉。失去电力增加了所有人的恐惧、压力和混乱。

刚断电，我就在智能手机上登录了电力公司的网站，并通过打电话报告了断电（蜂窝网络连接完全不受影响）情况。那时候，我收到一个自动回复的消息：我所住的附近也发生了断电，并且电力公司的人正准备抢修。他们告诉我的恢复电力的时间恰好距离我打电话时间 23 小时 59 分钟。由于通往我们社区最直接的路线正好是一条四车道公路，并有进一步滑坡的危险，所以我是相当怀疑的。我们依靠野营灯笼和手电筒并听着猛烈的雨声度过一个晚上，但幸运的是我们周围有安全的避难所。没有人抱怨。

第二天早上，仍然没电，所以我再次核对恢复时间。这么一来，在起初发送的时间上又增加 23 小时 59 分钟的时间。我预计这一趋势还将继续下去，因为很明显，告知的恢复时间是随意的。然而，后来发生了以下 3 件事情。

1. 首先，灯又亮了（大概在最初的 23 小时 59 分钟内）。

2. 两小时后，我又收到了电力公司的信息，告知我即将恢复电力。

3. 又过了一小时之后，电力公司的另一个录音电话抱歉地通知我，由于风暴的极端破坏，道路通行和电力恢复需要几天的时间。

这个短小的关于科罗拉多"千年洪水"的故事展示了没有成功地融合电力系统如何导致电力公司内部和外部的情境理解和沟通不畅的情况。在这种情况下，将 IT 的断电管理系统（OMS）与 OT 的配送管理系统（DMS）混合能够大大改善电力公司的危机管理。

图 1.3 描述了 IT—OT 系统融合的理想情况。OMS 应用程序包括业务功能，如工作人员管理和故障呼叫管理；DMS 应用程序执行面向网络的操作，如故障

隔离、切换和状态估计。这两种系统都依赖于一个共享网络模型，可以为整个企业的不同应用程序提供数据。电网层面的数据在整个企业中提供了最接近实时的情境智能，而 IT 系统了解信息的商业意义。同 OT 团队可以容易地隔离故障并估算恢复时间一样，准确的通信可以引导新闻机构、社交媒体。

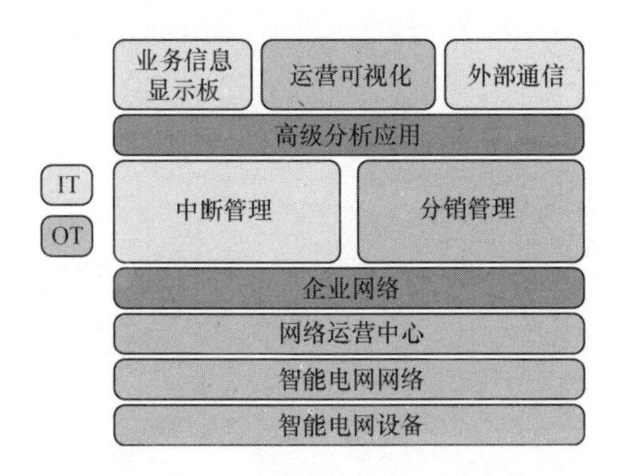

图 1.3 IT—OT 如何融合以解决主要断电事件

1.5.4 “灵应盘”经济学

2011 年，电力研究所（EPRi）估计，未来 20 年要使电力供应系统达到完全实现智能电网的性能水平，将需要每年投资 170 亿～240 亿美元。使用复杂的成本分配模型，其中包括集成 DER 并实现完整的客户连接的基础架构，该模型预计收益成本比在 2.8 ~ 6.0 的范围内[6]。EPRI 承认，估计范围的宽泛突显出在业界估算支出和预计节省方面具有不确定性。随着新技术的发展，智能电网的概念将越来越普及，但与此同时迅速扩展所产生的副作用使保护问题的能力变得复杂——在与旧电网连接时，出现新的问题，然而电网给我们带来的创新越多，最终成本的可预测性也会随之上升。

电力公司的高管们仍为无法预测构建更智能的电网的成本而深感担忧。数据管理和数据分析一定是电力公司中最具挑战性的任务，特别是在扩展到需要大规模处理绝对优势的预期数据方面。这里暂不提有关网络安全和数据隐私的挑战。这其实是困难的：尽管智能电网技术为社会带来了重要的优势，但电力公司所需承担的投资对于他们来说是巨大的。特别是，电力生产们会首先失去

[6] 电力研究所，“估算智能电网的成本和收益”（2011）。

利润，并且经济学家还未掌握如何将智能电网的优势轻松转化为收益。[7]

这对于电力公司的领导来说可能是一个打击，他们已经听说了很多大数据分析带来的惊喜，特别是可以改善运营指标。虽然实现了诸如改善收入保障、减少资产维护和更换成本等功能，这些功能的过程相当简单明了，但其他功能（如评估和改进计划）并不明确。如果智能电网的平均电力设施投资在未来 10 年内呈大幅度上升趋势，那么许多利益相关者能够得到快速的投资回报率（ROI），其中一半以上的投资者期望在 5 年后 ROI 为正值。[8] 以目前的形式来看，电力公司采取现有方法确实是一厢情愿，因为它们把重心转向逐步降低风险和控制资本支出上。

在一个对这类计划没有什么经验的行业中，利用智能电网数据分析达到所期望的回报水平需要更加显著的转变和有效的方法。这是一项艰巨的任务。

云思路

云计算和云管理服务日益成为大数据计划的重要组成部分，主要作为一种战略来帮助企业控制成本并加速企业部署框架。仅在几年前，云计算被电力公司彻底拒绝，主要是因为电力公司认为它缺乏安全性，以及无法根据特定需求定制软件。但是，定制化对于云提供商来说不是切实可行的，因为云计算的经济性依赖于在全部客户基础上分散成本，以及实现自动化处理数据。因此，如果一个服务提供商将太多重点放在定制开发项目上，而不是提供一个预置选项的菜单，那么提供商很难盈利。

一些电力公司正在了解这些现实状况，并以更明智的方式利用云计算以获取更多的收益，而大多数企业仍然不考虑这些解决方案，因为这些方案没有考虑到企业安全和控制，但对整个企业的 IT 架构是有利的。这主要是一种观念，一旦电力公司拥有强大的计算能力所需的技能和庞大的投入资金时，它就能成为现实，强大的计算能力对于支持全面的大数据分析程序是必不可少的。因此，在需要计算规模的地方，规模经济至关重要。

因此，电力公司必须开始看到企业以外的“云”思想。那些正在寻求来自

---

[7] Luciano De Castro 和 Dutra Joisa，《支付智能电网》（2013），能源经济学。

[8] Oracle（2013）。

云计算和云管理服务的好处的人们可能会发现，它们具有改进的部署速度、满足动态需求的灵活性、增强的能力，并且最重要的是具有减少资本支出等优点。最令许多电力公司利益相关者惊讶的是：云计算实际上可能提供一个更安全和符合标准的环境，因为服务提供商可以提供一个重点关注网络安全和数据隐私的协调的方法。总体而言，云计算可以帮助电力公司实现灵活管理，以一种安全可扩展的方式灵活提升数据量，进行数据分析应用程序的配置。

1.5.5 一如既往的业务对电力公司是致命的

电力公司和监管机构过于保守的决策和低投资水平减缓了电网现代化的创新步伐。对经过验证和成熟解决方案的偏向已经阻碍了最终可能带来经济有效运营的技术的实施。当新兴投资的不确定性被风险和政治敏感性所取代时，监管机构严厉批评电力公司，且拒绝其回收成本的要求，这使该问题更加突出，且带来了长期的负面影响。如果没有高级的系统和数据分析来控制网络和后续的改进决策，管理网络的成本就会更高。随着能源效率和分布式发电量的增长和消费的减少，收入将比交付成本下降得更快，最终导致入不敷出。仅这一点就使利润急剧下降并使客户大批流失，他们可以从低成本批发商购买能源或自行发电。

然而，目前的供电方式在经济上是不可行的。监管机构和电力公司必须考虑新的成本回收方法或冒险去中介化。对控制成本的极度关注会降低创新的速度，而且这一战略的成本变得非常高。电力公司被中介化的风险强调了技术创新的重要性，以及在部署智能电网数据分析时产生更高的风险。智能电网的基础架构和数据的综合使用可以使企业做出更好的决策，从而最终降低运营成本、改善对需求的预测、提升客户管理负荷能力、增强服务交付和可靠性，并使企业建立一个允许新的成本回收机制的基础结构。

1.5.6 生存与灭亡

有一种很委婉的哲学式言论声称电力公司正面临着“生存危机”。这听起来像新闻工作者的夸大其词，但电力公司确实感受到一些令人困惑的、要求加强能源服务的压力。能源服务包括客户反馈工具、控制和自动化、更清洁的能源，个性化定制以及客户终端应用（如屋顶太阳能和电动车辆）。电力公司不再对自己的角色有一个清楚的定义了。虽然电力公司开始以各种方式重组业务，但它们必须从根本上构建一个高效可靠、可以提供廉价的电力服务的基础架构。这是一个先进的电网，可以带来新的机会，例如，通过第三方向合作伙伴提供产品，或进行完整地重组以提供全面的能源服务。无论一个电力公司对它的未来怀有多大的野心，所有新兴的路线都始自于建设一个更智能的电网和高级数据分析中所使用的支持技术。即使是商品化的电力供应方式，也需要高级的系统来保证有一个可以进行创新的平台。

图 1.4 描述了电力公司在不同层次下的状态。随着时间的推移，能源供应商都会采取或经历这些发展方式。很明显，为了使网络适应双向能源流动，扩展网络以满足前面列举的社会需求，能源供应商必须大胆地对基础架构进行重新架构，并改变企业做出决策的方式——甚至企业如何进行最基本的业务运营。由于行业固有的对风险管理的敏感性，大胆并不一定意味着不稳定。同时，电力公司应对渐进式改善的呼吁保持警惕。这种呼吁通常只是一个隐藏事实的方式，事实上，业界许多人对这些问题只是表面的理解。

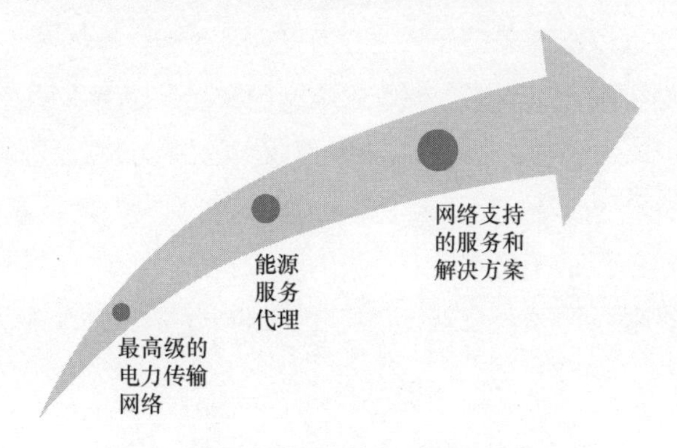

图 1.4　以更智能的电网为基础的电力公司

由于政府对电力行业的管控，电力行业对问题的理解较浅显实属正常。气候变化、对电力公司的补贴、可再生能源、微型发电的商业威胁、化石燃料的作用以及核能发电，这些都干扰了电力行业对问题的理解。这些力量是否会影响不断发展的电力事业具有不确定性，因此，利益相关者倾向采用渐进方式，这不足为奇。不幸的是，这种保守行为刺激了私营企业，由于这些企业如此不确定，它们很难创造价格合理或创新的技术产品。此外，当私募基金愿意介入这个行业，投资新技术时，由于政策制定者们缺乏远见卓识和缺少极端风险规避机制，因此会让他们失去很多机会。

1.6 通过智能电网数据分析发现机会

鉴于从技能、现金、文化挑战、社会、政治和监管力量的角度，电力供应商在开展数据工作时确实起步较弱，利益相关者只有制订出一个全面综合的战略，才能获得丰富而有价值的流动数据。这需要业务规划、感知调整和接受创新（以及创新者的特殊性）。为了从智能电网的巨大投资中获得人们所期望的社会效益、经济效益和投资回报率，真正的数据科学必须被用于解决电力公司已知的和新的挑战。

从力所能及的事情做起是一个好的选择，因为快速取得一些结果可以帮我们快速建立对数据分析的信心，以及对大数据进行基本的了解，这对长期战略规划是必需的。一些电力公司已经在为改善需求响应目标、收入保护和需求预测而分析消费数据以改善客户细分的方面发现了价值。一些系统运营商已经在利用强大的数据可视化工具来大幅改善电网的智能化运营水平。资产和财务管理者将针对分布式发电对系统的影响以及对收入的影响进行改进的处理。

所有这些初步的成就展示了智能电网数据分析为电力行业带来的关键作用。数据分析和科学创新正在改变电力公司的运营和走向；它们充分认识到，它们是电力网以及创建一个全球清洁、可靠、优质的电力未来的基础。

CHAPTER 2

第2章

构建数据分析基础

凤凰号火星着陆器的八角太阳能电池板之一（资料来源：NASA[9]）

2.1 章节目标

智能电网的数字化基础架构正在改变电力行业的本质，高级分析是实现智能结构效益的杠杆。传统的数据管理以及管理企业数据真实性的方法短缺，新

9 图像从公共领域检索。

的软件方法可以带来成功。本章讨论创建高度可扩展、易于管理、有安全基础的数据管理所面临的挑战，并探讨通过现代化电网达到可驱动的、符合社会电力需求的转型所需的技术。

2.2 毅力是最重要的工具

玛丽莲 · 梦露说：“我的工作是我唯一需要坚持下去的东西。坦率地讲，我看似拥有一个没有地基的上层建筑，但是我正在地基上努力工作。”致力于实施全范围智能电网技术的电力公司理解这个问题。电力公司几十年来一直在复杂的环境中提供可靠和安全的电力。但现在，它们正在努力解决如何在一个复杂而又不足的基线上创建一个全新、不会出现故障的技术基础架构的问题。严重的错误和失误不仅会让那些不能给手机充电的客户失望，它们还有可能关闭关键基础架构，造成严重的经济中断。

更难解决的是，大数据科学领域的供应商和创新者都希望能够挽救局面（并做出一些重大的决定），但他们并不总能理解电力公司行业的独特挑战。这使紧张的关系出现，减慢了实施步伐，并使电力公司处于艰难的境地中，仓促地评估它们可能不完全理解的新技术、计划和决策的后果，并确定产品生命周期的成本。在某些情况下，这种缓慢的步伐甚至赶走了有前途的初创企业，因为它们不可能支持这么长的部署周期。因此，形成了困难重重的市场环境。虽然合作关系对通过智能电网数据分析实现现代化电网来说至关重要，但该项目需要具有挑战性的一步——在能够在睡梦中进行傅里叶变换的经验丰富的老学者们和能够快速行动并掌握时机的思想敏捷的企业家之间建立信任。技术问题似乎不太难，而文化和社会鸿沟才是行业的一大难题。

建立一个可以实现智能电网优势的可持续的基础架构需要将电力公司的最佳思想、大数据管理和数据科学融合在一起。这真正取决于电力公司领导者，通过帮助他们的合作伙伴了解他们的使命和价值观，来创建这些重要的关系。尽管许多智能电表的安装启用取得了显著的成就，许多电力公司正在努力推进一个全面的智能电网战略，但是它们似乎被无数的实验减缓了推进的步伐，包括小型、多年的试点项目、实验室试验和混乱的实施，这些给合作伙伴造成很大压力，甚至摧毁合作关系。

时代正在发生变化，这意味着无论电力公司有多少热情和承诺，它们不能再单打独斗。成功需要的人才将来自许多方面，包括电力工程师、商业赞助商、项目经理、实施者、企业家、传统和非传统的供应商以及它们的投资者。在电力公司的领导下，合作伙伴们必须有“协议投资”的概念，并相互之间达成共同的愿景：在共同使命的基础上，通过整合人才来实现可以实现的目标。

就像世界著名影星梦露所理解的，当所有的偏见被抛弃时，提出改善基础永远不会错。

“太难了”不是答案

显然，“做分析”可能是非常复杂和昂贵的，这些障碍既是真实的，也是易被察觉的。当面对一个要从高性能分析及时获得满意的 ROI 的回报的挑战时，担心是一个完全合理的反应。数据科学很难，治理、合规性和安全管理敏感数据也很难。毋庸置疑的事实是，实施数据分析需要企业的认可和投资，同时要保证“这不是一个简单的答案”。

除了强大的特征外，想要将数据分析的好处带给电力公司利益相关者需要：

- 实施基础架构改进；
- 部署和开发数据分析软件和模型；
- 聘请了解该领域的数据科学家；
- 产生结果。

最重要的是，电力公司必须找到一种方法来最大限度地减少风险，以实现数据分析计划，从而减少对许多人来说在从事一项全新事业中的不确定因素的范围。数据分析确实可以提高客户服务质量、业务绩效、运营和总体盈利能力，但如果底层逻辑架构从一开始就没有设计成灵活可扩展的，那么就很可能造成长期的痛苦。

2.3 构建数据分析架构

一个完全转型成功的电网需要一个数字基础架构，这样才不会因过度关注信息技术而以牺牲数据分析性驱动策略的初衷为代价最终耗竭企业。因此，精心设计的数据分析架构源于业务战略和网络特征。在可以理解适当的数据管理解决方案之前，必须确定现有和未来的业务需求，以及完整评估各种将被管理的电力数据。确定这一基础对于定义可以适应业务需求、衡量策略和整体网格结构的体系结构而言至关重要。

在智能电网数据分析的早期阶段，电力公司可能会倾向于从各种系统中统计现有的数据，并设计使用有关数据可以回答的业务或运营的离散问题。然而，这种方法无法利用数据科学最重要的目标之一：发现未知数据。这同时鼓励了渐进式改进的理念。由于预算周期和项目管理的利害关系，这可能是一个合理的方法，但值得暂停一下并仔细考虑。增量式或串行的方法对于流入电力公司的数据的优先级而言是盲目的，随着时间的推移，它们将导致拼凑出的实施方法的成本很高，还无法满足电力公司的需求。

设想一下：你永远不会试图在没有一套准确无误、关于建什么样的房子的计划的情况下就去建造房子。此外，一个即将拥有一栋房子的人不太可能先计划和建造一个厨房，然后试图在厨房周围再建造一个房子。更糟糕的是，你不会单独让你的儿子设计浴室、你的妻子设计大厅、你的女儿设计餐厅，最终把所有房间融合在一起。建造者需要全面了解位置、结构及其机制的全部定义特征。只有拥有这样的知识，建筑蓝图才能传达足够的信息来实现设计。在设计数据分析架构时，这些相同的原则同样重要。

如图 2.1 所示，数据来源以及如何收集、存储和组织数据定义了如何将数据作为运营和企业各部门的信息被有效地分析和共享。很明显，为了使信息有效，任何解决方案都必须能够深远地控制成本规模：随着数字设备的商品化、数据生成变得更便宜和管道的增加，吞吐量也越来越大，数据管理是最大的约束。一个完善的系统有助于最小化约束条件，并允许电力公司聚焦在数据分析的实践中，关键是这里可能缺乏适当的行动。

图 2.1　数据管理流程

2.3.1 数据管理的艺术

数据管理本身就是一个非常丰富和复杂的话题，涵盖了一些专业和技术能力。根据专业的数据组织国际数据管理协会（DAMA）的定义，完整的数据管理生命周期包括“架构的开发和实践、策略，正确管理企业需要的完整数据生命周期的操作和执行”。数据治理、架构、安全性、质量和深入的数据管理技术的问题包括整个数据管理框架，都超出了本书的范围。然而，通过数据管理可以更全面地了解数据分析作为衍生知识和信息的主题，这些将在下面的讨论中涉及。

2.3.2 管理大数据是一个大问题

当我们试图避开科技中固有的障碍，很明显，企业架构是一大堆模糊的参照标准。任何非专业人士都很难构思一个数据架构项目，更不用说去领会那些晦涩难懂的术语和概念。这种结果导致我们只能把问题留给专家。

庆幸的是，希望与电力公司合作的专家将会了解数据管理和数据分析架构的特殊要求。本书的目的不是选择供应商解决方案，而是通过有针对性的讨论来告知读者最佳解决方案可能是什么样的。特别是当软件供应商和集成商急于提供新的解决方案和重新利用传统方法时，没有理解任何特定电力公司的独特性质就预测或推荐正确的数据管理方法是很愚蠢的。大数据 / 数据分析领域已经被公认为是一个强大的市场机遇。为数据分析程序设定方向需要全面的观点；为了选择好的技术和技术合作伙伴，电力公司利益相关者必须了解数据管理的挑战、解决方案以及这些方法存在的问题和局限性。

2.3.3 真相不会给你自由

在电力公司的监管领域中，几乎不会出现错误，寻求订单和合规是主要的驱动力。而企业内部的功能如此之多，通过数据集成实现相互依赖，具有巨大吸引力。数据驱动的企业依赖于数据的真实性是毋庸置疑的。电力公司一直是讲求实效的，没有什么比想要一个值得信赖的业务视图更为明智。正如你将看到的，当涉及数据管理时，真相就是至关重要的。

单一真相源（SSOT）是一种断言企业中的每个数据元素都应该被准确存储一次，从而防止远程企业中某个地方的重复值可能过时或不正确的信息系统理论。当需要特定的数据时，SSOT 会定义数据的存储位置以及如何获取数据。真相的单一版本（SVOT）与 SSOT 是很相近的词，由于公认的数据孤岛而存在多个数据副本，但在需要真相时它们“迎刃而解”。SSOT 和 SVOT 常与单源数据（SSOD）混淆。SSOD 是指企业将数据整合为全新的准确数据的规范来源。SSOT 和 SVOT 旨在为了获取数据准确性和一致性释放位于企业内部不同地方的被锁定的数据。

许多电力公司把数据仓库和主数据管理（MDM）系统结合起来使真相标准化。在这种情况下，数据仓库通常被认为是 SSOT 或 SVOT。数据仓库允许来自多个源（包括其他数据库）的数据的聚合或聚集，以提供一个通用的数据存储库，而不管其来源如何，因此，它是单一来源的方式。MDM 系统通过代理不同来源的数据、删除重复数据和清理数据来管理仓库中的主数据，以确保一致性和控制性。

尽管行业中普遍存在一种强烈的意愿，想从混乱中创造出真相的黄金来源（如图 2.2 所示），主数据可能不是一个良方。它形成了这样一个对于数据的正常看法：对于访问记录的无数用户来说，数据可能是正确的，也可能是不正确的，并且它降低了加载和访问实时数据的速度。例如，虽然对于该领域的技术人员而言支付账单的客户和房屋停电的客户都是“客户”，但是支付账单的客户是他们的财务并购者，而房屋停电的客户是技术人员技术上的终极目标。真相的严格版本不容易适应这种差异，构建这种系统花费大量的资金和时间，当真相需要改变模式时，维护和定制可能同样昂贵和复杂。

许多数据管理专家都在思考并尝试在企业中创建一个 SSOT 是否可行或是明智的。不幸的是，这种对真相的持续渴望使他们的注意力和资源超出解决业务问题的范围。当 Stephen Colbert 定义“真实性”时，他讽刺地描绘了这种倾向性：“我们不是在谈论真相，而是在谈论一些看似是真相的东西——我们希望存在的真相。”[10]

---

[10] “史蒂芬 · 科尔伯特美国的选票”（n.d.），《纽约杂志》。

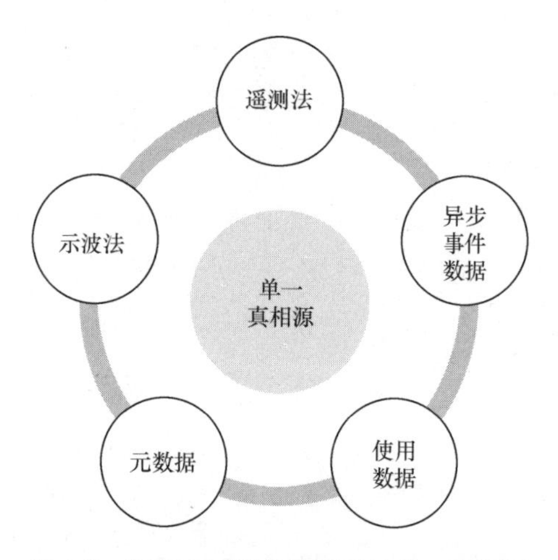

图 2.2 智能电网设备和系统的单一真相源

作为一种管理数据混乱的方法，寻求为电力数据和用户的极端问题提供背景资料可能没那么困难且更有利。电力公司面临的真正挑战是接受这样的事实：最有序的集成可能仍然无法纠正所有数据的完整性问题，并且一定无法充分地为所有用户提供服务。冒着较大的风险，电力公司的最佳选择是考虑构建一个在正确的时间交付正确数据的系统。这意味着数据科学家必须寻找新的并且仍然不能理解或定义的高级分析问题的优点，而避开规范的数据管理方法。

人们可能对动态和适应性感到不舒服，但当核心业务实践面临挑战时，动态和适应性势在必行。数据分析的艺术和科学就像听音乐：为什么音乐发烧友似乎更喜欢黑胶唱片而不是压缩过的数字音频？因为黑胶唱片提供更高的保真度，音乐效果被高度还原，在技术上是因为它包含整个声波，而数字信号只是接近效果。如果电力公司通过将所有企业数据推送到真相的唯一版本（如数据仓库）来使所有企业的数据标准化和规范化，则可能会失去在数据中找到显著信号的能力。数据科学家在某种信息方面极为崇尚自由，他们需要宽容地考虑无秩序状态，并决定什么有助于他们解决手头的问题。

这是电力公司遇到的棘手问题：对于事务处理系统来说，治理、安全性和可预测的业务流程和真相的单一版本确实都是有价值的目标。但是，当涉及高级分析时，单一的企业分类法就不够用了。经过良好的测试与可预测的传统的数据管理方法绝对不相关；事实上，一些集成商正在寻找使现有系统适应大数据需求的方法。关键是现在该到摆脱关于长期存在的数据管理的假设的时候了，因此，合规性不会无意中驱动数据无关性。

2.3.4 每个办法不能“包打天下”

在数据分析领域中，真正重要的是每个办法不能“包打天下”，即使在一个企业中也是如此。而这对于每天与技术打交道的IT团队来说，这是极其可怕的。感到有压力的IT领导者将推动企业在其现有的堆栈之上建立数据分析，并尝试将应用程序拼凑在一起，以满足业务对“数据分析”的需求。远不及真正的数据科学，这是IT管理中存在的特殊问题，许多电力公司将成为标准解决方案的牺牲品，如：

1. 购买套装软件并改进以适应电力公司的需要；
2. 聘请集成商构建一套合适的解决方案；
3. 使用带有数据分析应用程序的云服务作为“缩小差距”的一种方式；
4. 什么都不做。

这些方法各有其自身的关注点，包括过高的部署、维护和运营成本；“我建立了你的软件，现在你是我的人质”这一情况；失控；或者仅仅是失去机会。这些并不是新的问题，而是数据分析确实是一个特别的挑战。简单地将数据分发给具有标准流程的用户将阻止数据分析程序实现其全部功能和好处。事实上，这甚至不靠谱。数据分析需要具体的方法来解决业务问题，解决当前的运营问题，并找到可以提高底价并提供更可靠的产品的新效率。

我们看似已经付出了很多努力来弄明白一个可扩展的、随着时间的推移为电力公司更好地提供服务的数据分析架构为什么不能有效地工作。但是，对于应用架构来说，一个看似相当悲观的观点实际上通过一系列有信心的行动帮助我们奠定基础。与人类的发展一样，技术也在发展。电力公司中迅速增长的数据分析架构受所有上述反应的影响，但是我们必须将注意力从传统或预包装的解决方案上转移到发现如何将数据传递到具体的需求上。这是我们满足高性能数据分析需求的唯一希望。而且，是的，这个答案的开始取决于另外一组字母——API。

2.3.5 解决“特定情境”的难题

API是英文“应用程序编程接口”的缩写（大多数人只是说A—P—I，而不是“app—ee”“ape—y”或“app—eye”，这样说有点不雅）。API 曾经只是描述软件组件如何相互交流的技术术语，现在是一种描述在正确的时间找回正确的数据渠道而不管数据驻留在什么地方以及以什么样的形式存在的方式。它实际上是一个软件相互勾连的系统，允许访问驻留在底层系统中的数据，而无须更改系统底层结构或庞大的应用程序。实质上，API将数据扩展到任何企业（或外部方）的授权部分，而不会暴露底层的源代码或主数据。它也是电力公司延伸到外部获取第三方数据以巩固其数据分析结果的最佳机制。

与世界融合

下面讲述一个故事，该故事描述了一个公司如何通过学习有效使用 API（有时称为“服务接口”），来将自身从在线零售商推向 2013 年价值超过 1 220 亿美元的基础设施即服务（IaaS）的发电站。当前亚马逊的工程师史蒂夫 · 叶格（Steve Yegge）在 Google+ 上用错误的共享设置发布了一个内部的备忘录，这一点私人历史就被公开了。根据 Yegge 的说法，在 2002 年的某一天，亚马逊首席执行官杰夫 · 贝佐斯（Jeff Bezos）发布了一个所谓的“重大授权”，并且十分广泛，包括以下几点内容。

- 所有团队今后将通过服务接口公开其数据和功能。
- 团队必须通过这些接口相互沟通。
- 没有其他形式的内部交流……
- 任何不这样做的人都会被解雇。[11]

那些按照要求做的人看到他们的股票期权飙升，因为亚马逊使杀手级应用成为可能，包括 Reddit、Coursera、Flipboard、Fast Company、Foursquare、Netflix、Pinterest 和 Airbnb。除了 Jeff Bezos 本人以外，肯定没有人知道他为什么如此有远见——将在线图书零售商推向面向服务的架构（SOA），现在简称为“平台”。也许是意识到亚马逊不会是八面玲珑的，也许这只是一个重大的实验。然而，显而易见的是，收集到的服务中的一批各种不同的自成体系的功能单元可以以多种方式被组合，以创建多个独特的应用程序来满足 API 消费者

[11] John Furrier，“Google Engineer 意外地分享了关于 Google + 平台的内部备忘录”，“SiliconangLE”。

的需求。

2.3.6 自主构建与外包之争如火如荼地进行着

没有人鼓励电力公司急于在亚马逊云上部署关键基础架构或敏感应用程序，这不是重点。关键是有足够的证据表明采用稳健的 API 的平台方法是一种灵活和安全的方法，可以满足数据分析应用的流动需求。事实上，它可以以合适的价格成为理想的数据分析方法：对数据消费者来说是灵活的、易于保护的，并能够适应自定义和打包的应用程序项目。

满足独特应用需求的开发方法曾经被称为“定制软件”（这借鉴为特殊用户的特殊体型量身定做的服装），并且它使应用程序被快速、便宜地开发，甚至比千篇一律的商业成品软件（COTS）平台应用程序开发更安全。“定制软件”为我们提供了灵活性，但它也经常是冒险且昂贵的，开发需要很长时间。“定制软件”和 COTS 开发的一个更好的替代方案是在许多不同的业务线和功能孤岛之间共享组件的概念。预想的数据分析应用程序将始终需要定制以满足电力公司的需求，定制绝对是昂贵、资源密集的，并且可能产生意想不到的安全漏洞。总体来说，图 2.3 描述共享组件如何将重点从整体应用程序开发的重任和安全性问题转向用户需求。

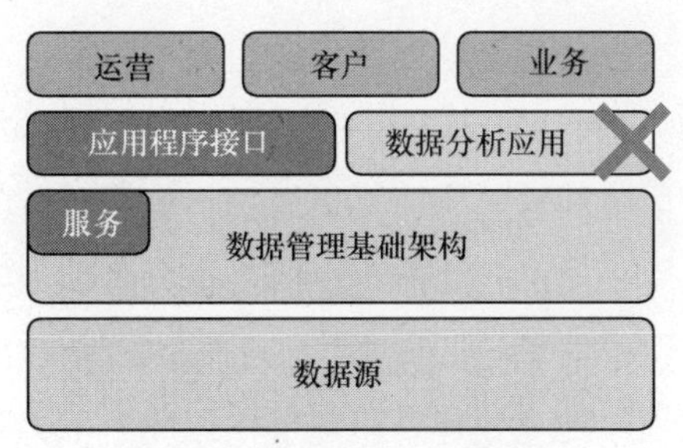

图 2.3 通过服务层共享组件

电力公司长期以来一直使用定制项目的集成商，这通常会导致系统设计、编码和部署的初始成本增加，以及软件生命周期中的维护成本增加，这是一项要长期与集成商保持合作的工作，因为没有其他人真正了解它。定制开发的费用和闭锁的性质是在商业计算中持续几十年的激烈争论的根源：自主构建还是外包。企业无法负担这种级别的定制开发和维护成本，但是 COTS 不灵活，定制成本高昂，一旦定制完成就难以升级。两个选择都不能在当今金融生态系统的背景下提供所需的快速投资回报，也遏制了战略创新。

企业级数据管理的需求可能会阻止那些财务上受限的电力公司，使它们得不到从有效的数据分析战略中受益的机会。缺乏所需支出的能力也可能会拖慢该行业的创新步伐。早期的大数据工作人员正在将其产品定位于更能够快速获利的机会，如金融服务行业、医疗保健、政府和零售业。原因很明显：电力公司行动缓慢，这个事实可以被认为是残酷的。此外，行业内部各种经济结构和监管力量是难以处理的；应用程序提供商和集成商确定关键行业的要求，使它们能够建立具有成本效益的解决方案要经历一段艰难的时光。

由于财务、IT 和基础设施资源是无限的，电力公司可能总是选择定制的方式。但是，从 ROI、集成速度和长期可行性角度来看，更为合理的解决方案是可快速定制而不受到前进道路上的冲击，以满足独特需求（包括财务限制）的套装软件。这可以通过使用可重复使用的应用程序服务来进行修改和扩展，以创建许多独特的应用程序。

传统的定制项目需要程序员了解基础数据结构、关系和工作流程的核心，但应用程序平台可以自动处理晦涩难懂的问题，包括数据质量、数据一致性和安全性。并目把这些高难度的问题放在一起解决比在许多应用程序中解决更能保证质量、一致性和安全性。程序员把他们的重点聚焦于应对业务需求并构建实用的应用程序（包括可以快速地链接到来自不同系统的不同资源、聚合和混合的数据的服务层的应用程序）来创建更丰富、更有价值的结果。

目前，有一个满足这些需求的主要模式：一个平台方法。平台提供比套装应用程序还要多的应用程序。一个平台可以被认为是构建应用程序以完成所需的计算操作的基础。这相当于与服务层结合的数据分析引擎，以及集成基于这些服务的自定义应用程序的工具包。虽然提供设施、电力和带宽的主架构是实现这一目标的一种方式，但由于存在文化和治理方面的挑战，电力公司也在尝试采用其他方法来整合平台方法，包括电力公司的授权方案和预先加载的受管理的应用，但实际上存在于企业内。

无论在哪里，这种分析即服务的方式（一些供应商使用分析即服务（AaaS）首字母缩略词；我们将避免这种情况，因为我们期待更高明的营销手段）正开始有意义。其中一些提供商甚至提供可以轻松定制的数据分析软件包，以帮助电力公司开始数据分析工作，特别是对于诸如高级负荷分析和电表分析等更为规范化的问题。

2.3.7 当“云”有意义时

这些平台提供商将鼓励电力公司使用云产品，因为在经济规模方面双方都可以获得内在的经济和运营效益。我们已经度过了炒作和传闻阶段，管理服务市场已经成熟到使供应商和客户都可以从云端识别业务价值。值得注意的托管产品正在为许多电力公司工作，包括通过电网操作的分析建设层级的公开可用的消费者数据、终端使用分解分析，以及电网运行非常强大的可视化工具。电力公司率先使用云解决方案来跨跃早期沟壑，试图建立自己的内部解决方案以发现巨大的价值，并且随着时间的推移，风险已被管理以解决它们最初的担忧。

然而，将重要信息交给云提供商的问题既不是毫无意义的，也不是毫无根据的。虽然云解决方案正在获得关注，但是仍然存在与失去对敏感数据的直接控制以及满足遵守安全和隐私权要求相关的合乎情理的问题。由于管理服务提供商隐藏了其如何保护和存储数据的可见性，它们有时是自己最大的敌人。如果这些供应商想要取得成功，它们必须通过消除真正的漏洞并确保数据在每个级别都是安全的，才能获得电力公司的信任。云应用和平台提供商必须愿意接受能够证明其遵守安全标准的数据安全审核，它们还应该进行定期渗透测试，保持高可用性的记录，并提供容灾数据中心。

毫不奇怪，作为新技术的谨慎采用者，电力公司一直对云技术持怀疑态度，倾向于管理来自企业内部的基础架构和应用程序。即使云服务对一个寻求支持的启动项目来说是完美的，但是它什么时候能成为电力公司的可行选择呢？这很复杂，经济优势发展缓慢，但下行压力正在上升，并驱动成本下降。然而，数据治理、安全性、隐私和失去对敏感数据的控制仍然是障碍。高级分析的需求可能成为转折点。由于迫切需要将智能电网数据应用植入到具有快速投资回报率的电力公司中，显著的成本节约和重要的生产力的提升使我们必须认真考虑将云服务作为可行的选择。

图 2.4 描述了一个面向平台的数据分析结构的方法。在后面的章节中，我们将深入了解大数据平台的要素、分析，以及将数据转换为可执行的智能。现在，重要的是要体现每个层次的架构所需要的实质性的运营能力。只有在平台环境中才能有积累的规模经济效益。

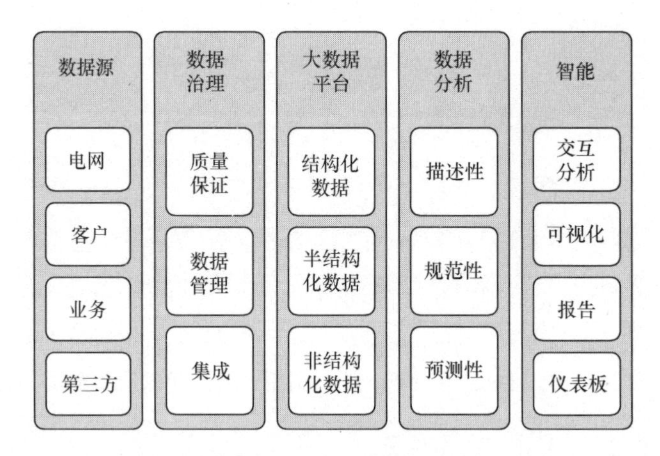

图 2.4 开发面向平台的数据分析结构的方法

电力公司真正面对的问题是：它们是希望侧重于扩大其信息技术能力，还是通过关注业务、可靠的电网运营和战略问题来实现更好的长期利益？这个问题的答案是供电行业不断变化的商业模式的核心；电力公司很可能会走到一个岔路口，在那里它们必须决定成为一个线缆—数字架构的智能网络，并开始开发和利用该网络发展合作来扩大网络的影响力，或者转向开发允许它们像成熟的服务实体一样的网上操作能力。当那一天到来时数据分析架构的灵活方法将使转变更容易。

2.3.8 变革既是危险也是机遇

在电力公司内为持久的数据分析程序奠定基础并不是无价值的。必须考虑到公司的整个范围，包括运营、业务功能和客户服务运营。与许多 IT 项目不同，电力公司利益相关者对如何设计数据分析架构做出的决定影响了电力公司未来以成本效益和高效能的方式开展业务的能力。现代化电网时代的电力公司不仅仅是电线杆和电线公司，相反，它们是复杂和关键的能源互联网（有时称为 Enernet）的中心。智能电网数据分析正在改变电力公司如何做出每一个决定的本质，它们做得不好，会抑制电力公司的敏捷性，阻止实体电网模型化的实现。

智能电网数据分析的科学不可逆转地改变了电力行业，同时充斥着各种可能性和风险。负荷如何平衡、电力中断的检测和纠正、分布式能源资源整合和管理、电力购买——甚至电力需求的性质——正在随着更高的可靠性、财政限制、自动化的需求而变化，并要求电力公司做出更准确、更快速的决定。这就是依赖于发展良好的数据分析基础上的超级结构。

在考虑数据分析策略时要提出的一些问题

- 我们的 IT 员工能否完成重大的业务计划？
- 我们现有的数据管理解决方案有哪些契约承诺？
- 当数据分析涉及运营、业务效率、可靠性和灵活性时，我们如何优先考虑数据分析？
- 我们目前的数据管理流程花了多少钱？
- 扩大我们的流程以满足智能电网计划的需求将需要多少费用？

CHAPTER 3

第3章

让大数据为高价值行动服务

托马斯·潘恩博士（中间）、美国航空航天局的管理员、几个美国航空航天局的官员为阿波罗 13 号船员的成功降落而鼓掌（资料来源：NASA[12]）

3.1 章节目标

本章基于早期的数据分析架构概念，研究了算法和数据呈现的具体作用以及使用可视化来实现一个数据分析程序。本章的目标是让读者扎实理解如何使用数据分析来驱动智能电网的价值。本章介绍的主题是后续讨论关于应用程序和实

[12] 图像从公共领域检索。

现问题的关键。如同数据分析架构处理层的情况一样，本章还分析了智能电网的数据类别。

3.2 数据型的电力公司

电力公司已经熟练掌握了大量熟悉的结构化数据。使用数据来做出关键的运营和业务决策对业界来说已经司空见惯了，但这并不意味着否认电力公司每天在提供可靠的电力方面所做的努力。如今，管理资源、预测供需、管理需求响应计划等功能都已在数据分析和自动化的支持下完成。然而，持续的电气化目标、可再生能源的巨大增加、零排放负荷平衡、扁平化收入和能源效率要求需要更准确的信息、更精细的控制和更紧密的反馈。这需要更高级的数据分析形式来实现这些目标。

虽然一个易被理解的结构化数据将始终是综合数据分析程序的基础，但要想提升智能电网的数据分析能力，就要对那些不熟悉的数据源和非结构化数据进行更好的观察和利用。综合考虑这些形式的数据对于商业分析和运营快速反应非常有价值。智能电网在许多方面都为行业或社会的进步提供难得的机遇。通过多维度的测量，数据科学家们可以进行一些提升业务和商业运营的发现。

高级分析最重要的目标之一是自动化整个电力公司中大量的决策，产生一些快速可靠、准确和适应性强的结果。正如我们在第 2 章中讨论的那样，根据许多类别数据组合的背景和特征找到数据分析解决方案，有助于满足能源交易者、传输和分配（T&D）运营、客户服务和业务的需求。通过数据分析，我们可以实现总体大于部分之和的效果。例如，根据数据分析方式的不同，变压器测量结果的用途也不同：与运营告警数据不同，数据与配电变压器温度结合将被用于资产分析管理应用中，运营告警数据用来表示变压器检测节点已经发现需要立即采取行动的异常情况。

在第 2 章中，我们讨论了开发数据分析架构面临的挑战，包括使用灵活的工具为企业创建可变通的软件。我们还探索了帮助数据科学家充分利用每一个可用的数据源的数据管理和集成方法。将数据转换为可操作的智能，最终还需要考虑其他重要的因素，其中就包括驱动改进的预测和数据分析，以及将这些发现转化为可执行信息的算法。

用帕累托原理创建结果

威尔弗雷多 · 帕累托（Vilfred Pareto）是意大利经济学家，也是80-20（或帕累托）法则之父。首先，他观察到，意大利有80%的土地由20%的人口所拥有，后来他观察到，他花园里20%的豌豆荚含有80%的豌豆。80-20的规则似乎有无尽的应用，例如，20%的客户占销售额的80%，80%的成果由20%的团队获得，当然，20%的公司员工占成果的80%。

对于希望快速实施智能电网数据分析的电力公司来说，我们需要从两个不同的角度来运用帕累托法则。

1. 算法只能解决公司遇到的问题中的80%，其余的20%需要进行再次定制解决。

2. 为智能电力公司专门设计的数据分析应用程序大约有80%是有用的，其余20%需经过定制化，特别是对于可视化数据。

帕累托分析在管理中已经被运用了许多次，作为一种用来提高生产力、质量和盈利能力的方法，它着重于掌握20%的重点方面。对于电力公司来说，它提醒我们，专注于在数据分析中找到并提供优质和广泛的价值，而不是在基础架构上。

事实上，帕累托法则教给我们的只是一个事实，即生活中很少有分布均匀的事物。这是一个观察结果，而不是一个自然法则，它其实告诉我们要关注质量。由于电力公司需要在很短的时间内完成很多事情，重点关注20%可能会节约很多成本。电力公司应该创建合作伙伴关系，从而使它们能够专注于实施数据分析的战略，也有助于解决定义明确的业务问题，而不是试图从头开始解决整个数据分析的难题。帕累托法则并不意味着只有80%的工作是有价值的——为了能正常开展工作，做100%的工作是必需的，但是应将注意力放在快速完成工作的努力上。

3.3 算法

广义地讲，算法是一系列的计算步骤，它将一定形式的输入转换成一定形式的输出。正是该问题的背景定义了输入和输出之间的关系，算法本身描述了实现这种关系的具体过程。预计该算法将产生正确的输出（虽然不正确的算法确实也有一些用处，但这里我们不会考虑这些情况）。对算法的唯一真正要求是它为要执行的预期过程提供了足够准确的描述。[13] 显然，只要存在问题，就有算法来解决它们。计算机让这一切更轻松、更快捷，算法为所有的解决方案提供了一个广阔的平台。

许多针对智能电网的问题可能出现在其发展初期，然而与许多有趣的问题一样，基于我们已经知道的关于解决运算方程的问题有许多候选的解决方案。甚至是人类基因组项目，也已经开始努力识别构成人类 DNA 的 10 万个基因——一个需要非常复杂的算法的过程——使用众所周知的且很容易理解的方法来解决这个问题。并不是只有数据分析才需要算法处理；大量数据集合（就我们的生物问题而言，有 30 亿个化学碱基对）的存储和管理也需要这种逐步深入的数学方法。

算法有很多的分类方案。对知识进行分类永远不是一件容易的事情。我们可以根据目的、复杂性、设计范例和实现对算法分类。然而，考虑到针对许多电力数据可以被重新利用的问题，架构师可能会发现根据他们想要解决的问题对算法进行分类是有用的。例如，一种算法可能会使用天气预报、季节变化性和人口统计的数据作为输入数据，并以用于管理可变电源的最佳功率流优化指标的形式创建输出。然后，该算法可以被分类为分布式生成过程。同样的输入也可以用于客户需求建模，在这种情况下，它就是需求管理过程。这种分类方法有助于打破电网中的功能性孤岛，而将重点放在解决运营、业务和客户问题的商务问题上。

3.3.1 算法业务

在智能电网的数据分析业务中，“算法”指的是实现特定功能需要的程序。因此，当电力公司正在努力为其需求确定最佳解决方案时，了解供应商如何实现算法对于识别在整个系统中工作的正确工具或方法，以及用数据科学的最佳应用来解决电力公司的问题方面具有指导意义。产品可能包括“智能控制算法”

---

[13] Thomas H. Cormen、Charles E. Leiserson、Ronald L. Rivest 和 Clifford Stein（2009），《算法介绍》，第三版，麻省理工学院。

或“调度算法”。要想全面地理解一个算法关键是要从电力公司使用它们的方式、输入和输出的方式，以及不同的业务需求的映射关系这 3 个角度入手。

基于目标算法的观点面临的挑战之一就是正确构建一套电力公司的框架。商业为开发出能够量化投资回报率（ROI）的有影响力的解决方案提供了一个平台。要想确定电力数据如何有助于解决电力公司的业务和运营需求，对这些数据的特征进行分类是必要的。总体而言，这一努力将促进一个全面的数据分析模式的形成，它不仅可以定义哪些内容可以被分析，而且还可以定义在何处以及如何最佳地收集数据。

3.3.2 数据类别

最近对电力数据的行业分析报告显示了将电力数据分成几个类别进行分析的极大好处。表 3.1 中列举了 5 种基础的数据类别。[14]

这些数据类别的商业价值取决于它们在整个电力公司中的使用方式，如前所述，底层系统架构将会影响它们的用途。高级数据分析通常以新的方式使用数据。消费数据就是数据源的一个主要示例，该数据可以用于计算实际功率（负荷消耗的实际功率）以满足运营要求；它也用于计费、评估资产利用和维护，并有助于公司制订计划。事实上，正是智能电网具备重新利用数据的能力，电力公司才会获得积极的经济成果。以尽可能多的方式使用数据可以支持许多成果并带来潜在的好处。

3.3.3 及时性

与类别密切相关的是数据的时间特征，或称为时延。时延是系统内数据移动的时间延迟，它受限于信息在系统上传输的最大速率以及在任何特定时间系统可能传递的最大数据量。不同的操作对时延具有不同的容忍度，所有的操作可能对高时延是敏感的。每个工作流程都会受到时延的影响，事实上，在特定的系统操作过程中可能会有多种类型的时延。举一个很简单的例子：飞机从我家（科罗拉多州）飞到华盛顿需要 3.5 个小时。即使飞机上同时搭载 250 个乘客，仍需要 3.5 个小时到达。时延不会因为有多少人和我一起搭乘而改变，250 名乘

[14] Jeffrey Taft、Paul De Martini 和 Leonardo von Prellwitz（2012），“电力公司的数据管理和智能：从数据中获取价值的战略框架”，Cisco Systems。

客将一起离开并一起到达目的地。一旦飞机降落，以及机组人员将飞机停到机位，清洁约需 30 分钟，加油时间约为 15 分钟，总的时延为 45 分钟。然而，如果清洁和加油同时开始，那么时延会减少到 30 分钟，这表明在某些情况下时延可能会降低。

考虑时延对于构建数据分析架构至关重要。事实上，无法有效控制时延会严重影响数据分析程序。如果无法及时访问必要的数据以满足分析工作流程的目标，则应用程序将无法进行下去。因为这很容易在系统中形成一个“瓶颈”，所以必须规划数据存储方法——加上时延——避免两者过度依赖。

让数据科学家对电力公司系统感到惊喜的是，许多形式的电网数据可能有微秒的生命周期，它们可能永远不会被记录，或者可能在常规频率下被覆盖。要保护闭环继电器和传感器数据，然后再丢弃。同样，遥测数据和异步事件消息数据可以被存储在先入先出（FIFO）队列或循环缓冲器中，其他应用程序可以使用这些数据，当队列或缓冲区重新被填充时，将原始数据压缩。瞬态数据是非常普遍的，因为在管理电网状态方面只有最新的数据是有价值的。在许多电力公司中，只有已经并入商业智能应用程序或受监管档案期限影响的数据可能会被拉到数据存储库或仓库中。

表 3.1　5 类电力数据

数据类型	描述	功能特征
遥测数据	对电网设备参数和其他电网变量的连续不间断测量	遥测允许电网传感器进行远程测量和报告。这种数据被用于控制或分析系统
示波数据	数据由可以创建图形记录的电压和电流波形样本组成	示波数据可以通过通信网络被连续地推送或者拉动。数据通常由其他系统消耗在收集点附近，或者可能被携带用于后处理
消费数据	通常是智能电表数据，但是它可以包括测量使用数据的任何节点	消费数据有很多用途，包括满足计费和计算方面的需求。这种数据是以不同的时间范围从几秒到几天来收集和报告的
异步事件消息数据	具有嵌入式处理器的电网设备，可以在各种条件下生成消息，如响应和请求	就其本质而言，这种数据是突发性的。因为不确定突发速率，并且许多设备可能会响应同一个系统状态，这种类型的数据是具有挑战性的
元数据	用于描述其他数据的任何数据	电网元数据非常多样，可能包括传感器信息、位置数据、校准数据、节点管理数据和其他设备编码信息数据

（改编自 Cisco.com）

没有一成不变的数据存储模型可以满足非常低时延的控制器系统的需求，这需要根据具体情况进行设计。数据是动态的，通常非常接近生成点，并且它们从未被设计到企业的数据中心。直到智能电网和分布式发电过程的普及，电力公司系统才得到了确定的管理。现在，随机的操作模式正在成为常态。

对于涉及运营、能源交易、实时需求响应或资产管理的数据分析，数据分析模型假设必要的数据必须在一定时间内获取。这是数据管理挑战的一部分。随着数据种类和时延的增多，电网从分层到分布式演进都创造出了非常复杂的数据处理和数据分析环境。需要多种方案和灵活的架构，以适应基于快速分析到远程规划的动作的即时触发。现在我们正在实施这些工具，一些重要的新应用程序正在多个业务流程中利用这些数据。

3.4 看得见的智能

先将数据分析的类型的话题放在一边，智能是抓住大数据分析带来的机会的最好方法。最重要的是，那些需要信息的人可以从所提供的信息中有效地理解、使用并采取适当的行动。要想将大数据分析转化为可操作的信息，特别是具有接近实时感知的复杂性和需求的信息，需要利用空间和视觉模式。在许多情况下，下游的数据分析应用也是如此，因为电力公司要努力符合法规、满足客户需求并开发更可靠的服务。

在运营环境中，访问分布式网络传感器和资产极大地简化了电网对问题的检测。虽然尚未被广泛部署，但可以实时处理各种格式和频率范围内的大量数据的电网运行系统正在成为现实。此外，通过视觉和地理空间定位的方式来显示不同的数据类，运营商可以跨越空间和时间查看信息，方便他们监控、快速分析和操作。

谈及商业智能，可视化也是一个重要的工具，在大型数据生态系统中几乎每一个专注于数据分析工具和呈现的供应商都会提供某种对数据和智能的视觉访问。在这个新兴的生态系统中，平台提供商们正在为数据库和终端用户工具箱开放终端，以实现最大的灵活性。除了可视化环境外，下游智能电网数据分析应用程序还可以实现报告、即席查询、仪表板、其他以各种各样隐喻呈现方式的数据分析模型和数据探索。图 3.1 描述了数据从处理到演示的一系列步骤，通过这些步骤来最好地描述分析的信息。

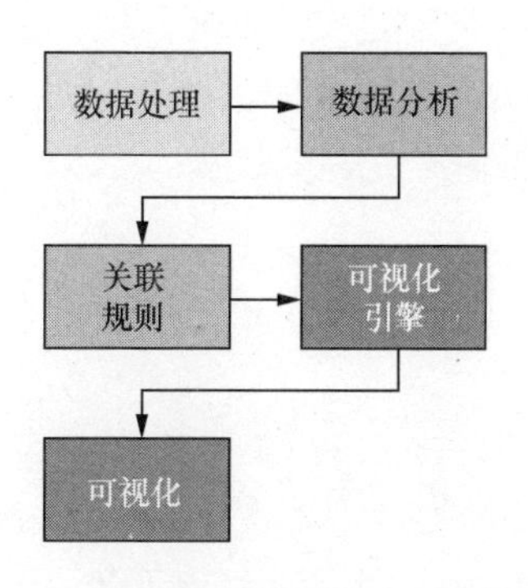

图 3.1　从数据处理层到演示的处理流程

在分布式环境中，高度关注效率和节能，理解相关的信息对能源客户也很重要。对于住宅以及商业和工业（C&I）客户来说，纳米和微型发电正在变得越来越实惠。特别是在 C&I 企业中，这些发电模式越来越受欢迎，因为这些客户不能容忍低质量和低可靠性的电力系统带来的财务风险。此外，需求侧管理正在加快一些装置的部署，包括计算机、家庭自动化设备和新兴的物联网（IoT）技术。即使是基本的技术解决方案，例如，旨在满足政策需求向消费者提供能源数据的“绿色按钮计划”也需要相关信息。早期尝试满足这些客户需求的数据分析方法是将电力公司的消费数据与建筑信息数据和家庭编排自动化管理以及反馈信息相结合。

自动化是可视化过程的一个重要方面。如果用于创建特定可视化的过程不能自动化，那么根本无法规模化地用于用户或许多传递装置中。另外，如果没有自动化，那么系统就不能不断更新，且可能会在短时间内失去可用性。然而，随着源数据的改变或其他问题的出现，自动化确实带来风险。就像底层数据系统一样，演示系统必须接受定期的质量检查，并且保持对信息的相关性和准确性的关注。

电力公司必须认识到，它们正处于大数据变革的早期阶段。随着智能电网数据分析的出现，创新将会全面扩展开来，我们将看到数据孤岛让位于公司内部的数据和数据生态系统。这种转变很大程度上是由对综合情境智能的需要所驱动的。

3.4.1 记住人类

一些最大的挑战的征兆往往是发生在操作室中的。不幸的是，业界都倾向于关注信息技术和高级分析，并且忽略了用户界面设计在允许用户得出结论以进行快速和适当决策时所起的作用的重要性。

设计一种使用户可以以最小的认知摩擦进行操作的直观的系统，是用户界面设计师的目标，他们意识到风险是很高的。

> 管理电网是一项复杂的工作，而且这种复杂性只会随着电力公司越来越多的双向通信仪表、传感器、智能电子设备以及监测和报告电网运行状况的其他各种设备的并入而加剧。虽然许多电力公司利益相关者都在担心是否能够从这些投资中获得投资回报，但工程师们正在努力使需要在不断变化的情况下迅速做出响应的大量数据变得有意义。如果没有直观的系统提供良好的情境感知，那么响应可能变得无效（或根本没有响应），并可能导致巨大的损失。[15]

将工业设计的艺术和科学结合到用户界面设计中是重要的，并且应该很早就建立在项目中作为需求过程的一部分。用户验收测试和快速迭代设计功能的能力将提高应用程序演示部分的质量和使用期限。

3.4.2 客户的问题

使数据可视化很难。虽然有效数据演示的最终结果是一个简单而较好的结果，但通常实现目标的过程相当麻烦。构建数据可视化需要许多超越数据分析和统计的技能。它需要一些概念创意者、平面设计师、程序员、用户界面设计师和优秀的表达者。

实现这一切就要说服电网运营商和电力公司业务利益相关者，电力公司现在需要向消费者展示消费数据和其他数据，以促使他们能够更有效地用电以及采取更加有效的环保策略。向消费者传达数据的挑战，尤其使一些电力公司利

[15] Carol L. Stimmel（2012），“智能电网：现实世界中的智能电网数据分析”，智能电网新闻。

益相关者感到痛苦。为了全力投入到建设智能电网以及有效应对能源行业的突变，电力公司已经付出了巨大的努力。然而涉及消费者时，所有努力都变得无效，这让人难以理解。

这里有一些见解：最近的一个在线论坛正在举行有关消费者参与话题的热烈讨论。一个退休的电力公司工程师写道："电力公司本质上是大型项目或资金管理团队，负责规范、测试、购买、安装和营运几十亿美元的资产，以实时的方式为几百万人服务，但获得的投资回报率最低……智能电网是一波创新浪潮，距之前的浪潮已经过了 100 年。"[16]

虽然这些可能不是他的本意，但是这个退休人员的陈述可能关系到这样一个问题：为什么当涉及消费者应用和工具时，电力公司就失去了方向，这并不是由于它们缺乏努力、意志或才智，而是由于它们对于某一个职业领域知识的缺乏，这远远超出了外界对电力公司人员的正常要求，变成了一种"不知道你不知道"的情形。而电力公司真的不了解那么多关于使用它们产品的客户的情况。迄今为止，它们仍然不知道。

只要电力公司已经向客户收取电费，这些客户将被视为纳税人和电表终端。特别是住宅消费者——尽管电力公司做了大量的知识传授、市场营销和产品设计的努力，他们坚决拒绝以任何有意义的方式与电力公司进行合作。许多创新者正在试图解决这种住宅消费者的问题，而其他创新者需要从 C&I 客户中发现机会。合理的理由是，C&I 客户消耗绝大部分的电力，由于有降低成本的效益，他们也更愿意参与节约用电、需求响应和提高效率等活动。

如图 3.2 所示，在美国，预计 C&I 行业的能源需求将大幅上升，这主要是受经济复苏的影响。由于空间采暖、照明和其他大型家电的效率提高，住宅部门预计至少要到 2029 年住宅用电量才会再次增长，这为创新带来了重要的机遇，也为提升 C&I 客户先进的基于数据分析的需求响应提供了一个机会。

使用一些高级的建模工具，电力公司可以提供可操作的智能，使需求管理能够转变为有针对性的需求响应，终端用户可直接参与到 C&I 设施的电力公司调度策略中。这些系统的成功最终完全取决于它们与这些客户的有效沟通。电力公司与 C&I 客户在需求问题上已经有过合作的经验，进一步加深合作可以带

[16] R. Hayes (2013)，"消费者需要更多的教育" LinkedIn 智能电网执行论坛。

来更大的机会和创新。

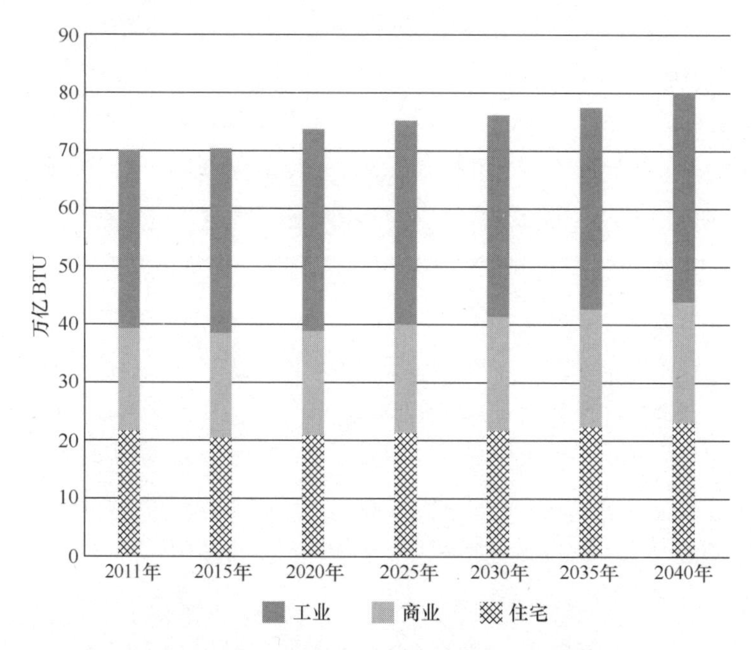

图 3.2　商业和工业部门引发美国能源需求增长
（资料来源：美国能源信息管理局，2013 年国际能源展望）

注：BTU = 英制热单位。

为了充分把握这个机会，大楼业主、运营商和资产管理者们必须了解如何使用能源，要学会更好地参与电力公司的计划，学会分析他们的大楼能源的使用情况，跟踪消费，以实现能源效率的目标。虽然数据分析可能提供强有力的措施、事物间的相关性和将需求响应从应急工具推进到管理业务运营的战略工具，但是有吸引力和充分落实的方案才能真正创造洞察力和机会。

3.4.3　电力公司的变革

到目前为止，我们已经讨论了智能电网的驱动因素，以及数据分析如何通过将电网和其他来源的大数据转化为电力公司的变革价值，以帮助电力公司实现现代化电网的目标。我们还回顾了传统的数据管理方法，并讨论了为什么这些技术可能达不到数据分析的全面深度和广度。我们已经确定了平台方法中固有的解决方案，但是到了最后，当数据分析架构启用的应用程序允许系统用户更好地了解自己的业务并做出更多的选择时，数据分析对电力公司的真正影响就出现了。通过解决关于业务的关键问题，并对演示的信息进行挖掘，就可以实现数据智能化。图 3.3 描述了数据分析平台如何使用各种处理策略，然后将其提供给各种用户，以便探索数据，解决更多复杂的问题。

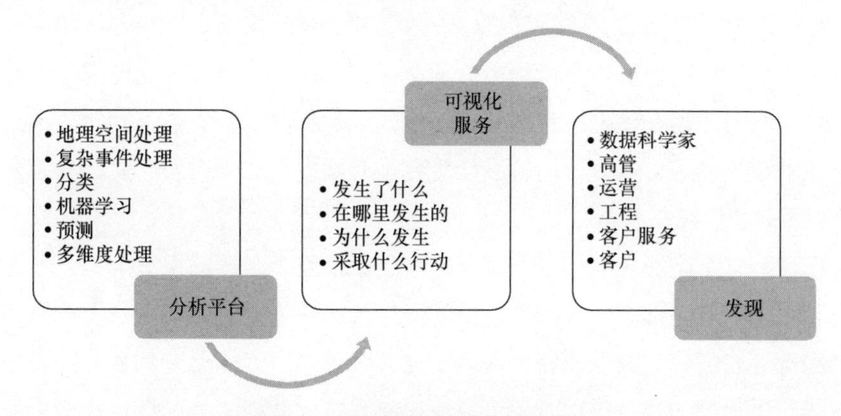

图 3.3　数据到可行动智能的流动

3.4.4　越大未必越好

有人提醒："大数据"就是行业迷信。简单认为大数据就是对一种问题的描述，只是意味着现在的数据比以前电力公司处理的数据还要多。这种认识是错误的，不是"大"带来了电力公司所需的某种证明建造和运营智能电网的成本的价值。事实上，数据分析所获得的运营效率通常来自微小且瞬态的——不是相当大的——数据集。大数据流，其本质取决于收集的方式，可能是频繁且虚假的，但是数据本身可能不是很大。

随着时间的推移，我们越来越清晰地认识到大到 PB 和 PB 量级的数据也只是一种存储，要想从中寻求一些经济价值还需应用一些纯技术解决方案。更有趣的是，会出现许多挑战，即如何有意义地将以毫秒速度生成的不同数据资源聚合起来，为电网业务、运营和客户管理创造一个全新的视角。这又回到关键的一点上，关于设计和实施数据分析最重要的是确定基本的业务问题，然后认识到所有这些大数据实际上并没有使解决这些问题更容易，而是变得更加困难。

3.5 评估业务问题

起初，电力公司通过评估其整体的数据分析策略来确定这些方法如何帮助它们规划增长和高效运营以得到最好的服务。而如今，了解智能电网产生的数据无疑是电力公司在使电网运营和商业模式现代化时面临的最大问题。数据分析产生的结论表明，电力公司的最佳机会是必须提高业务绩效、能源质量和可靠性以及改善客户关系。

在开始这个旅程之前，电力公司必须放眼于整个公司的组织架构，不能只局限于现有的职能部门。数据分析中的最大价值在于它能够将存在于电力公司内部和第三方的分散数据源整合起来。此外，通过引入第三方数据，电力公司不仅能改进目前的业务流程，还可以应对新兴的商业模式。虽然运营分析可以带来立竿见影的价值，然而通过全面思考业务可以发现解决新问题的机遇，例如，通过应用负荷曲线数据来调整客户细分策略。

这恰恰是数据分析具有改革能力的原因：它们迫使电力公司重新审视业务的各个方面，从业务运营到客户参与。

从框架入手

根据业务案例确定正确的解决方案是分解跨职能问题必须要考虑的事情。通过加深对数据管理的挑战和方法的了解，对数据类别、算法和呈现的掌握，利益相关者可以将商业能力映射到电力公司需求。电气与电子工程师协会（IEEE）、国家标准与技术研究院（NIST）、卡内基梅隆大学以及著名的集成商提供了几个智能电网框架、参考架构和成熟度模型。

开放式分析体系架构（TOGAF）就是一个很好的开发数据分析架构的方法，在政府和《财富》50 强企业中被广泛地使用。TOGAF 已经取得了非凡的成功，因为它为数据分析使用的各种技能之间的信息交流创建了一种通用语言。具体来说，TOGAF 以协商一致的方式进行维护，并强调可能融入技术架构的关键业务需求。美国、加拿大、英国、澳大利亚和其他国家的一些电力公司和供应商们已经用 TOGAF 建立了企业结构。

TOGAF 方法最初来自美国国防部的信息管理技术架构（TAFIM），但自1995年以来，TOGAF 已经进行了改进，以更好地满足企业架构要求。这种方法避开了专有的方法，确保一致的标准，并且以开放的方式来帮助实施者实现更大的投资回报率。图 3.4 描述了 TOGAF 的每一阶段，需求管理是每一个发展阶段不可或缺的重点。

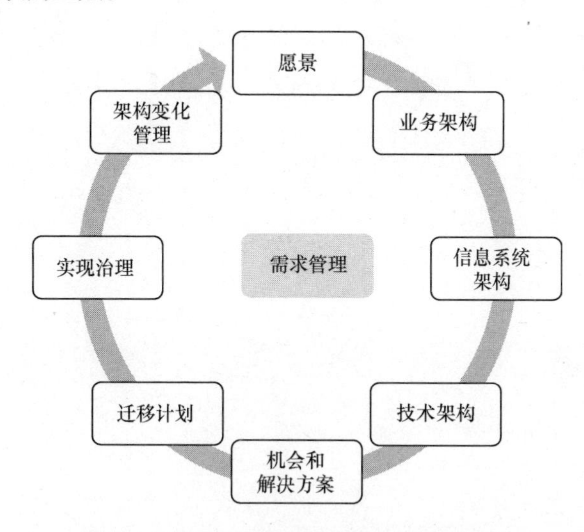

图 3.4　TOGAF 架构持续聚焦于需求管理

TOGAF 的特征特别适合将业务需求和要求转化为信息技术要求。然而，如上所述，有几个专门为了满足基于智能电网的电力公司的需求的专有框架。这些框架（包括 TOGAF）是一种引领思维的方法，但是与那些严格的方法一样，它们可能会很快变得更复杂而无法使用，或者它们本身可以成为人们努力的焦点，而不是指导结果的工具。因此，将这些框架看作企业的工具是最好的方式。

万事开头难，架构框架和参考架构是一个合理且明智的出发点。然而，不要过度依赖任何框架，尤其在分析时缺乏对期望的最终产品的了解的情况下，企业将会落入到一个盲区，无法适应任何新的发展。

广泛流行的指责称，电力公司对智能电网的数据感到无能为力。尽管这些数据看起来是具有代表性的，但是弄清楚如何使用数据来解决业务问题更具挑战性。随着一些利益相关者过早要求对整体业务和运营进行昂贵的升级或重新设计，只是为了做分析而进行的数据分析实际上可能带来负面结果。管理智能电网的数据分析程序的方法是首先着重回答高价值问题，并找到提供答案的必要数据。

发现问题

- 定义和记录企业绩效中最重要的关键业务举措。
- 如何提升绩效，采取的最佳方式是什么？
- 数据和信息如何帮助我们朝着提升绩效的方向前进？
- 帮助定义数据分析业务案例的一套目标是什么？

第二部分

智能电网数据分析的优势

Big Data
Analytics Strategies
for the Smart Grid

CHAPTER 4

第4章 在电力公司中应用数据分析模型

阿波罗 1 号宇航员在为太空舱祈福的照片，以示他们对安全问题的关心
（资料来源：NASA[17]）

4.1 章节目标

本章介绍了电力公司特定的数据分析模型，包括数据建模的基本概念和目

[17] 图像从公共领域检索。

标，以及创建实用的模型的好处和挑战。使用合适的数据分析模型是电力公司流程变化的基础，以驱动业务价值和智能电网的投资回报。此外，我们将着眼于优化方法，通过使用平衡合理的高级分析模型，来获得企业成长与盈利的平衡方法。

4.2 了解数据分析模型

我们的生活中充满不确定性。尽管我们可能更多地倾向于确定的世界观，但我们很难完全掌握日常生活中的因果关系。数据分析模型也是如此，它必须足够灵活，可以在不同条件下提供战略价值。为了使事情更简单，我们将数据分析方法进行分类。为了分析智能电网数据，我们主要分了 4 个模型类别：描述性、诊断性、预测性和规范性。许多分类没有明确地包括诊断性分析，但是考虑到电力公司的运营要求，具体审查这种类型的模型及其在电力公司中的作用是非常重要的。

这种分类有两个要点：第一，数据分析系统很少仅使用一类分析在特定的问题领域产生有用的结果；第二，从一个类别到另一个类别的价值方面没有真正的突破。这意味着，尽管预测性和规范性分析在设计上可能更加复杂，但它们填补了与解决特定问题相关的具体需求。描述性和诊断性分析可能被更好地理解为一门学科，但它们的价值并不少。表 4.1 描述了智能电网数据分析中使用的分析模型，接下来讨论它们如何工作来帮助解决电力公司的问题。

表 4.1 智能电网数据分析中使用的分析方法

分析方法	功能
描述性	发生了什么或正在发生什么
诊断性	它为什么发生了或它为什么正在发生
预测性	接下来会发生什么，在各种条件下将会发生什么
规范性	建立最优或高价值结果的选择是什么

关于这些模型是如何被组合在一起来解决业务问题的例子有很多。考虑一个能源效率计划设计师的案例，他正在努力创建一个新产品，其中包括将智能

恒温器安装到家庭中以满足需求。电力公司将对首次使用它的客户给予补贴，最终目标是使用自动化为缓解高压力和高消费创造一种可靠的资源。这种尝试对电力公司来说代价很高；如何确定哪些消费者对该计划感兴趣，哪些消费者可能参与？此外，鼓励那些可能倾向于在家中实施保护和效率措施的客户的最佳信息和激励措施是什么？

使用数据分析模型，下面是一个电力公司的数据分析师回答上述问题可以采取的一些步骤。

描述性建模 以前参与过需求响应计划的客户（如安装在空调机组上的单向寻呼机开关）发生了什么事？他们是否回答了调查的问题，配合安装设备和设置信号，他们是否超控了结果，他们多久超控一次？跟踪这些信息为参与需求响应计划的客户提供基本的了解。

诊断性建模 谨慎地讲，数据分析师可能会进一步确定某些客户为什么以某些方式行事。他们经常不回家吗？对他们的总体账单有影响的激励是什么？他们是否注册了但后来又抵制电力公司接触他们的家庭设备？他们对温度波动敏感吗？选择退出行为时天气如何？他们对电力公司的控制机制表示过不满吗？在这一点上，电力公司知道参与转换计划的客户的一些性格特征，但根据客户参与度，电力公司也意识到客户做出一些决定的原因。

预测性建模 数据分析人员根据以前处理过的数据了解到消费者行为的内容和原因后，数据分析师可以制定更准确的模型，模型将会预测消费者在某些情况下如何做出将智能恒温器放置在家中的行为。具体来说，在类似的条件下，我们将期待消费者对智能恒温器做出什么样的回应？操纵模型中的变量允许数据分析人员为客户创造一个精确的细分，这些客户可能会接受电力公司对家庭智能恒温器的控制。事实上，一个综合的模型可以帮助数据分析师确定以前从未考虑过的消费者群体。

规范性建模 最后，数据分析师努力了解下一步将采取什么最佳措施来促使计划成功。基于对目前可能想参与的客户的深刻理解，规范性模型可以提供对最佳市场营销或参与策略及其相关权衡的洞察，以影响适当的客户。

图 4.1 描述了如何构造数据分析程序来驱动完全优化的业务洞察和结果。当洞察力转变为行动，这些行动将改变企业的运作方式（有时是毫无预测的），并在连续变化和改进的循环中过滤掉分析过程，这就是生成性。生成性的反馈循

环可能是电力公司开发综合的数据分析程序的最重要动机之一：新的结构和行为已经在转变的业务模式的推动下出现；通过分析这些转变，电力公司可以得到对新途径的深入洞察，以改进能源传输网络的价值和运作。

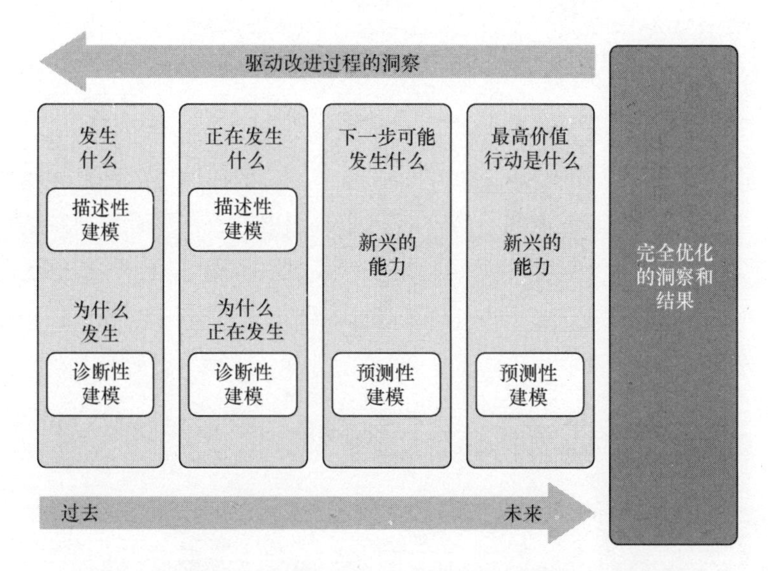

图 4.1　数据分析模型使用过去的流程来规范最佳业务操作

4.2.1　到底什么是模型

模型是高级分析的核心。它们利用各种算法和统计数据来揭示将为我们带来更多价值的模式和关系，但最好的模型不只是纯数学的应用。是的，建模是科学，但它也是一门艺术。像工匠大师一样，数据科学家必须能够设想如何将数据块组合在一起；他必须衡量和构建一个画面，然后产生一些对用户实用的长久的价值。

为了建立一个有价值的模型，数据科学家必须能够选择满足所讨论的业务问题需求的正确数据源、算法、变量和技术，这些都是手工操作的部分。除此之外还要求科学家对电力企业有完善的领域知识。模型的建立和模型结果的交流都是有故事的。故事情节是通过提取正确的数据来估计价值和分类价值来构造的。

对模型产生的结果的信任可能是任何数据分析建模过程中最困难的部分。为了最大程度地提高可信赖性，模型必须能够反映企业的现实情况——例如，展示一个资产维护模型可以显著降低运营成本，并显示模型输出的价值。事实上，缺乏业务联系可以解释很多对分析的恐惧和不信任。有时这种“价值”并不总能被预料到。一个非常好的资产维护模型可能会暴露电力公司没有预料到并且没有努力克服的问题，造成不可预见的工作流中断和支出。

值得一提的是，即使是一个非常好的模型，也不是某种神秘的“灵丹妙药”；突破性的发现根本不是日常的预期，这样的期望显然违背了突破的定义。模型对于企业来说可能是有价值的，它们甚至有助于对公司内的隐性知识进行强化和具体化。如前所述，这有助于改进和产生构成电力公司业务对系统的新的洞察力。为了实现这一点，电力公司必须雇用或与数据科学家合作，因为他们了解电力公司的问题、数据，甚至更重要的——帮助电力公司将数据分析模型映射到有用和可信的工具中，从而改进业务的过程和工作流。

4.2.2 警告：相互关系并不意味着因果关系

数据建模者面对的部分沟通的挑战是帮助消费者理解因果关系与相互关系之间的区别。这两个术语经常被混合在一起，从而导致非常严重的混淆。因果关系和相互关系混淆可能会破坏数据分析的目标，相互关系可以被转化为因果关系。但有时也会急于为观察提供一个解释，于是就声明了一个虚假的因果关系。

通过定义，相互关系简单地描述了两组数据是如何联系的。另外，因果关系定义了两组数据之间的关系，其中一个为另一个的发生创造了条件。考虑以下常见的例子：一项研究显示，随着冰淇淋销售量的增加，溺水率也随之上升，这表明冰淇淋的消耗量会影响溺水。我们直观地看这是荒谬的。然而，这种跨越经常在缺少对数据的分析的情况下发生。在该例子中，我们没有考虑两个重要的基准点：时间和温度。那么考虑一下：相比较冷的月份，在夏季炎热的月份，冰淇淋的销量很高。而在这些炎热的月份，更多的人会参加与水有关的活动，如游泳和划船。增加的溺水率是由于在冰淇淋热卖的同一时期参加与水有关的活动的人数增加。这是一种非常常见的因果关系谬误结构，称为“潜伏变量”——这个变量一旦被发现，就解开了这个问题的结。

实际上，无论相互关系看起来多么好，仍可能会出现一些逻辑错误，从而造成对数据的错误解释。考虑因果关系时，思考因果关系的构成是很有帮助的。例如，当我扔一个球时，球会移动。反过来，因果关系一般不再有效。只是因为球的移动，并不能说明它是被扔出去的。设想：肥胖与胆结石风险增加之间存在着明确的因果关系。然而，我可能有胆结石，但不一定有点肥胖。因果关系并非在任何情况下都是正确的。

不管结论多么深刻，明显重要的是一系列相互关系作为因果关系时呈现逻辑陷阱。所以真正的问题似乎是我们如何安全地得出一个因果关系的结论？答案是很难，但我们可以使用可靠的方法证明相互关系是因果关系，包括随机控制的实验或因果模型的应用。简单来说，我们建立的相互关系越强大、稳健，得出因果关系的结论越简单。曾经发生过严重的错误，特别是在医学科学中流行病学研究曾在没有充分了解与事件有关的其他因素的条件下从数据中得出结论。

4.3 使用描述性模型进行数据分析

使用描述性模型进行数据分析有点像在后视镜中看生活。我们使用描述性分析和技术来了解“发生了什么”，并且从更深层次理解某些事情是如何发生的。我们还应用描述性模型来支持实时数据分析系统，以了解现在“正在发生什么”。

一般来说，描述性分析解释了源数据允许用户开发未来业务策略的方式。虽然“发生了什么”模型通常不是用于模拟一个精确事件，但它们可用于从大量数据中创建近似透视图。它们研究单个智能电表发送最终的消息的原因并不是很有用，但是如果许多同一品牌和型号的电表在读取周期内一直失败，则可能是非常重要的数据点。

事实上，描述性智能电表分析已经被证明对于那些正在寻找使用数据而不牵扯外部设备来了解问题起因的方法的电力公司来说是非常有价值的。有一个例子，大风暴引起断电后，报告系统显示，有大面积变压器损坏。电力公司想了解更多关于停电的信息，并且通过进一步的数据分析确定，断电的根本原因是在风暴期间倒下来的树压坏了变压器。这一信息使电力公司做出战略性决策，以鉴定高危变压器，并提供在未来风暴情境中提高系统性能的降低纠正成本的方案。[18]

[18] Parmarth Naswa（2013年6月12日），“电力公司数据分析”智能电力。

描述性分析通常被商业智能“打入冷宫”。这严重低估了描述性模型的价值。想象一下，试图了解一个关于如何更好地吸引电力公司的客户的研究，研究中没有给你提供样本的大小、有关处理小组的信息或人口统计的信息，如性别或年龄。描述性模型的输出提供关于数据的关键汇总，并形成进一步定量分析的基础。

描述性分析也是形成了数据摘要的基础，它是了解大量观察结果强有力的方式。考虑在具有大量服务呼叫的区域中部署智能电表，为了评估该系统在这一领域的性能，收集和编译了智能电表中断的统计数据，揭示了导致电灯变暗和潜在的破坏家用电子产品和家用电器的低压条件。该描述性信息成为决定升级或重新配置该区域内配电线路的基础，以提高可靠性和质量。

描述性模型不太适合暴露事件的细节，并且尝试用单一指标描述大量观察结果会造成数据失真和重要细节的丢失。从某种意义上说，描述性分析是自限制性的，但它们确实提供了能够与其他系统的数据进行比较的数据的基本汇总。交叉引用描述性模型的输出，通过邮政编码和运营数据捕获一批客户投诉的特征，足以提供更好的开发和更多样化的模型，以支持电力公司内部的战略决策。

4.4 使用诊断性模型进行分析

诊断性分析模型有时被称为探究分析，与描述性模型紧密相连。如果你已经询问了“发生了什么”或“正在发生什么”，你的下一个问题是问“为什么发生”。诊断性分析具有与描述性分析相同的优点和挑战，包括为了得出正确结论而担心不具有能被检索且可用的所有必要的数据。

通常，“什么”和“为什么”的问题是相当模糊的。例如，为什么客户抵制智能电表的势头有增无减，电力公司可能拥有可以回答这个问题的可用数据，这些数据可能包括结构化信息，如与客户的历史交易数据和计费数据，但也可能包括其他信息，如尚未被开发的新闻故事和社交网络数据等。事实上，这些外部的信息可能是造成客户对电力公司不满的真正原因。

尽管如此，对于一些“为什么某事正在发生”的问题，描述性分析方法与诊断性分析方法截然不同。诊断模型不仅仅是评估所考虑的问题的主要特征，它将进一步分析数据以寻找趋势和模式。诊断性分析模型实际上尝试使用可用信息来测试和验证或拒绝从描述性分析中得出的假设。因此，成功的模型将使用挖掘、要素分析和高级统计探索。

诊断性工具如何帮助电力公司

在北美，停电常是由意想不到的干扰引起的，最常见的是电线受到干扰。我们在这些事件中经常会考虑飓风、洪水、风暴和极端炎热的条件的影响，它们导致了控制错误、协调失败和超负荷等问题。诊断性分析是我们了解这些干扰的最强大的工具之一，它可以帮助我们发现在这些情况下提高可靠性的原动力。

细想一下，2003年8月14日美国东北地区的停电：巨大的输电失败归咎于未修剪的树木，但这只是一部分原因。据说，事情发生时电网运营商没有掌握足够的信息来了解问题发生的程度，并在它酿成严重后果之前缓解这个问题。通过使用诊断性工具来帮助提供情境感知，可以采取纠正措施，避免浪涌保护器和跳闸级联。如果之前存在任何疑问，2003年的停电情况清楚地表明了输电网过载可能导致大规模的灾难。清楚为什么系统上没有电压（那是炎热的夏天，线路过载，它们靠近树木，被树枝压得下垂，断路器脱离电路）以及能够快速了解和传达信息，这有可能允许电网运营商隔离出现故障的地方以防灾难升级。新的诊断性工具，特别是交互式可视工具，现在可以利用诸如同步器的技术，通过调用分布式资源以及触发自动需求响应来实现对智能路由的监督，以减少电网压力。

4.5 预测性分析

在预言的世界中，似乎没有什么变数。预测性分析使用高级分析模型旨在回答“可能发生什么”的问题——帮助人们应对未来的可能性。而利用大数据分析和模型来理解未来是一个现实的现象，这种现象表明了人们对技术预测的深刻理解，它有几分真实性。在最糟糕的情况下，这只是一个相信世界受到可预测的事件控制的愿望。然而，在好的情况下，预测性分析是暴露风险、发现机会，并揭示无数变数之间的关系的有力工具，它能更好地指导运营和业务决策。

在电力世界中，一个高价值的预测性分析用例是需要根据每天和每小时的电力成本进行负荷平衡。目标是通过基于恒定的信号流预测电力和需求的成本来节省资金和能源，它允许分销商在高峰时段调整负荷时进行相应地购买和销售。业务问题并不是新的，具体来说，预测性分析所采用的方法就是在大容量电力系统和配电系统之间建立一个交互层。

世界上最大的独立研发机构——美国 Battelle 公司就开展了这样的工作。太平洋西北智能电网示范项目创建了一个系统，包含 11 家电力公司和数以万计的计量客户，在整个电力系统中吸引响应资产，使客户能够根据电力供应数据、价格、需求和控制信号自愿减少能源消耗，信号在整个系统中传遍，改变电力的使用和移动的同时，降低了成本，增加了整合挑战可靠性的间歇式可再生发电能源的机会。

该公司的项目总监罗纳德 · 梅尔顿博士解释了系统如何发送信号，传达电力传递的实际成本，负荷和能源资源可以做出相应的响应。对于每个通信节点，“如果在该节点以下需要较少的电力负荷，则做出增加激励信号值的决定；或者如果需要更多的电力负荷，则降低激励信号值。在目的地或最终使用点，有关能源使用的信息被累积并转发给这个信源”。[19]

这项研究展示了预测性分析如何通过创新的技术驱动方法解决电力公司的经典问题，从而帮助它们改善业务成果。通过使用具有各种输入（如天气条件、预报、燃料成本、历史使用情况以及影响可再生能源系统的其他因素）的预测性分析模型，对生产成本的准确预测可以通过驱动整个系统的适当响应来满足可靠性和经济需求。

预测性分析最适合应用于容易理解和相当稳定的情况，并且它们在缺少历史数据或极可能发生快速、戏剧性变化时的作用很差。虽然预测系统可被用于分析过程状态或静止状态的数据，但电力公司将受益于能够衡量真实信息而不是历史数据以识别欺诈、预测客户对销售和市场营销举措的反应、预测电力需求以调整产品级别并创造各种风险配置文件的预测系统。预测数据分析改善了大量的高质量数据，因此，数据分析模型本身通过评估不同数据集合来增加价值，例如天气、地理信息系统（GIS）以及人口、财务、销售和社交媒体数据。电力

[19] Ian B. Murphy（2012），“电力公司项目将预测性分析用于太平洋西北电网的切片”数据通知。

公司的预测应用包括收入保护、能源效率、项目设计、分布式发电整合和管理（包括收入影响评估）以及需求侧管理。

如上所述，预测性分析是强大的，但它不是万能的。记住这一点：当数据分析师或供应商暗示他们的模型以75%的精准率预测事件时，意味着有25%的错误率可能产生。然而，这些模型比目前用于解决非常昂贵的问题的许多模型好得多。对于数据分析师、供应商或企业来说，这绝不是高估预测性分析能力的借口，因为这样一个定位将会使他们之前开始的重要努力幻灭。如果你的数据专家不能把他们对模型的预测能力和决策联系起来，那么他们对你的企业的发展是负有责任的。了解预测的最重要的事情是，如果模型是错误的，就需要了解信任模型（信任是有风险的）所涉及的风险水平以及行动的后果。考虑一下：预测模型以75%的准确性来预测需求响应是一个重大的进步，但在做一个损失几十亿美元或威胁生命的决策时，它也是一个危险的意见提供者。

4.6 规范性分析

规范性分析尚处于起步阶段，但具有巨大前景。采用预测性分析的结果，规范性分析是在诊断模型之上的，最终为如何应对可能的事件提供建议。从某种意义上说，规范性分析是通过改变变量产生各种预测，以便在特定情境下找到最佳决策。简单地说，其目标就是对最高价值的行动进行更为明智的预测。

规范性分析的优点可以用一个非常简单的例子解释：我正在驾驶性能优良的汽车驶下一个冰冷的山间峡谷车道。我可以看到这条路的路况非常可怕，且我的经验告诉我，这些汽车开得太近了，非常容易追尾。我准备开始减速以加大我的车与路上其他车之间的距离，但正当我踩刹车时，我后面的车子向前滑动并撞到我的车尾。我的车被撞到了非常冷的河里。在这种情况下，我的预测能力是很准确的，我确实成功地避免了我与前面车辆的意外。不幸的是，在避免一次意外的过程中，又引起了另外一场事故。规范性分析可以通过分析我的行动的可能结果，并向我提供不会损害我意图的选项以帮助我做出更好的决定：“嘿！你被追尾了，如果你踩刹车，那么后面的车可能会撞你。相反，如果可以，打开你的转向灯，慢慢地移动到路肩，让你身后的车先过。”

在电力公司内部，规范性分析对于在已经被确认的停电易发地区通过分析模型早期采用预防措施，这是特别有价值的。从规范性分析中获得如何最好地做决策的答案——这是优化的关键。例如，一旦我们了解了问题的背景及其根本原因，我们就需要知道该做什么：我们知道了上个月由于电表故障而收到错误的账单以及故障部件所在的位置（描述性）。我们已经确定了电表出现故障的根本原因是由于读取量激增以及来自从安装在此区域的特定电表品牌和型号发布致命的错误消息（诊断性）；并且基于该品牌和模型的某些属性以及现场安装的情况，我们可以预测何时何地可能会再出现故障（预测性）。另外，通过规范性分析，我们可以根据劳动力约束和收入损失创建最佳的替代或维修故障电表的计划，并且可以根据未在计算的水平上响应的财务后果计划引入更多未来必须引入的资源。

电力公司的各种模型几乎可以解决它们面临的任何问题——假设这些模型正确应用，并且对这些方法的限制有合理的理解。数据分析显然不仅仅是在一些聚合数据中投掷一大堆工具。拥有正确领域的专长的人是能够正确使用工具并能够公平、有效地处理结果的人，对解决手头业务问题的方法所固有的能力和责任的理解至关重要。

4.7 电力公司的优化模型

“优化”是一个狡猾的术语，用于描述实现完善业务的相当笼统的目标。优化的另一个有效方法可能是在维持盈利的条件下作为一个持续的平衡措施以应对成长带来的挑战。在应用数学中，优化方程是使确定系统行为的可控因素最小化以避免浪费。在业务方面，它更像是在各种冲突的要求和需求之间的不断变化的折中。在电力公司中，智能电网被认为是魔术级的优化！当一个红色的按钮被按下时，面对日益增长的监管或下降的成本压力，将会击败一切极端的压力，以更快地适应政治、商业和技术要求的变革。实际上，电力公司优化需要一个发现过程，并且能够通过采用新的业务流程来应对这些发现，从而整合不断改进的技术和业务流程，同时控制风险。

因此，尽管电力公司的领导反复表示希望根据数据分析做出越来越多的决策（事实上，大多数电力公司的领导者表示，他们计划在未来几年内增加对数据分析技术的投资），如果数据分析实施策略不支持业务目标，大量资金被浪费，那么结果将令人大失所望。相反，将数据分析能力引入电力公司被视为是变革的最佳推动因素。

通过数据分析实现电力公司的优化不仅仅是利用分析工具和模型做出更好的决策的结果，也是根据分析结果教学改进内部业务流程而发生的渐进式升级的结果。图4.2描述数据分析在通过成长和获取收益之间取得平衡来创造最佳商业价值的作用。一旦数据分析功能在整个电力公司中发挥作用，流程改进将会为电力公司应对操作事件、业务压力和监管转移的方式带来一些变化。

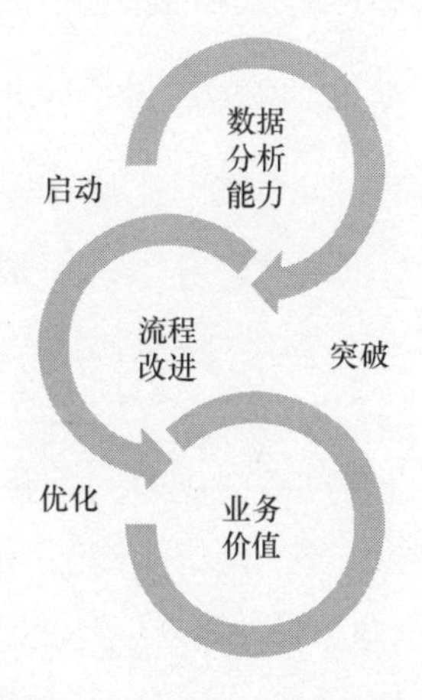

图4.2　通过数据分析驱动的流程改进创建业务价值

4.8　面向情境智能

真实的情境智能是优化电力公司的基础。从事后观念到高价值未来行动的时间连续性，情境智能是使企业通过大量快速移动和形式非常不同的数据来进行内容相关决策的理解能力。如前所述，这意味着数据可以并且应该以多种不同的方法在整个企业中以有助于解决特定业务问题的方式被利用。如图4.3所示，满足电力公司需求的基本数据智能层有电网、电表、资产以及分散的能源（包括可再生能源、微电网和存储）。

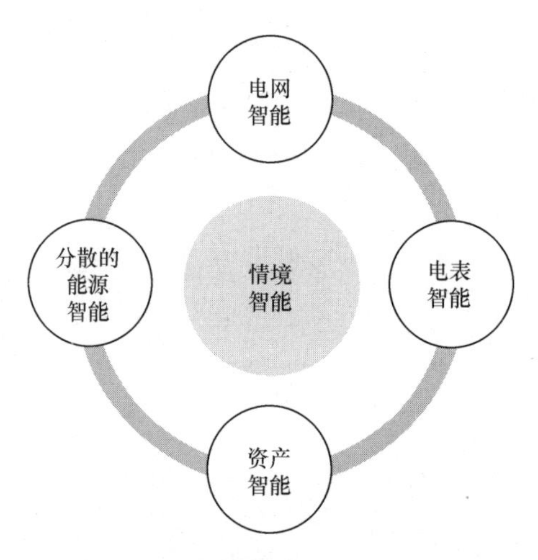

图 4.3 促进情境智能的电力数据的起源

目前，数据和企业孤岛正在阻止整个企业出现这些潜在的增强型的运营结果，但在以下方面正在取得真正进展：为什么企业最好将数据分析作为一种自下而上的方法来描述，专业团队试图在哪里把各个系统拼凑起来，以创建一个更关键的、将许多这些方面的努力联系起来的系统。然而，这是一种自上而下的分析方法，它将简化解决业务问题的能力，而不是一个昂贵而脆弱的手动聚合流程的网络。通过商业镜头使整个网络和网络内部的关系可视化，将有助于企业更准确地解决实时运营问题、管理资产以及满足企业中每一种绩效指标。

智能电网正在迅速成为实际上的电网（我们称之为更智能的电网），不仅仅是在北美和欧洲，而是在世界各地。数据分析是开启智能电网的价值、将复杂模型的输出传达出去使之成为有用和可共享的，以及最终推动电力公司成为一个信息化的实体的关键。通过数据分析，真实的情境智能可以应用在服务业务部门、运营、客户管理和网络安全中。我们将在接下来的几个章节中讨论这些应用。

CHAPTER 5

第5章

企业数据分析

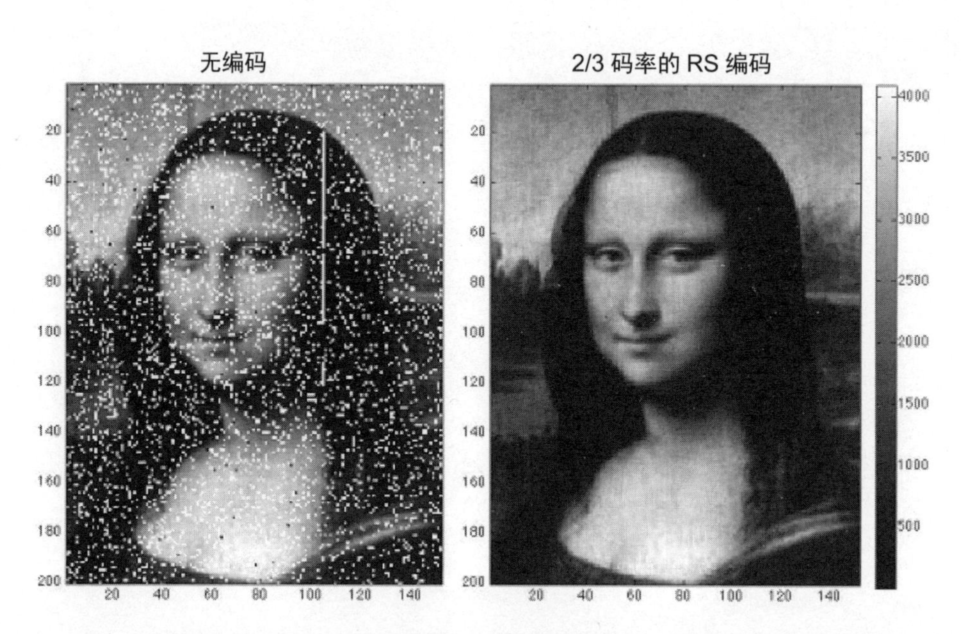

2013年，美国航空航天局戈达德科学家通过搭载常规跟踪航天器的激光脉冲，将蒙娜丽莎的图像从地球传送到月球上的月球侦察轨道器（资料来源：NASA[20]）

5.1 章节目标

本章我们将专注数据带给电力公司的以业务为导向的企业智能应用。具体

[20] 图像从公共领域检索。

来说，我们讨论大数据分析是如何提升传统业务功能的，包括能量预测、需求响应、动态定价和收入保护分析。这些功能有别于业务运营和客户管理，后面的章节将对此进行讨论。

5.2 超越商业智能

大数据分析带给企业一种看待传统的商业智能（BI）的新视角。BI 主要是通过生成标准报告来回答众所周知的问题，尽管许多 BI 厂商试图扩大这一术语以具体化数据分析能力，但企业数据分析远不止是 BI 的同义词。虽然在 BI 应用程序中已经使用了数据分析功能，但企业数据分析不仅比报告系统更复杂，而且还包括使用更深入和更广泛可用的数据搭建成的量化模型，这些模型用来分析和提升经营业绩。数据分析先驱托马斯 · 达文波特（Thomas Davenport）简洁地描述了该领域的前景："所有这些数据的可用性意味着几乎每个业务或企业的行为都可以被视为一个大数据问题或论题。"[21]

许多公司从简单的访问角度进行企业数据分析，整个企业中的员工只在执行个人项目时才会使用一些数据分析工具，企业可以向员工提供数据分析衍生的报告和指示。其他公司采用数据分析方法，整合公司内部各种类型的数据以供整个公司使用。我们专注于使用数据分析作为优化电力公司的推动因素，但前提条件是那些应用程序必须有价值并且要有数据支撑。更具体地说，我们强调使用模型优化的业务流程，而不是运营和客户管理。

高级分析的使用对企业产生了影响，因此，我们只会抓住可以促使电力公司优化和产生新效率的工具和方法的表面。事实上，任何有助于电力公司满足客户要求同时控制成本的数据分析模型都是有价值的。为了便于讨论，我们首先讨论一些高影响力的应用，包括电力预测、资产管理、需求管理、价格建模和收入保护。

---

[21] 国际分析研究所 Thomas H. Davenport（2012 年 9 月 13 日），《企业分析：通过大数据优化绩效、流程和决策》，金融时报出版社经营管理。

5.2.1 电力预测

电力预测分析应用为帮助企业做出短期和长期规划提供了高度信任和可防御的负载预测模型。这些预测有助于电力公司更好地规划和计划资源的使用，支持电力交易功能，并最大限度地提高智能电表和电网基础架构的投资回报率（ROI）。

简言之，电力交易就是买和卖，将电力从生产的一端搬运到使用的一端。就商品市场而言，其本质是不稳定的，因此，交易者的动力是尽可能高效地运作。此外，电力交易业务取决于有效的端到端的进程，过高的复杂性可能导致交易量大幅度减少。

影响电力交易和风险管理的驱动因素越来越复杂，特别是可再生能源交易的加入进一步加剧了这个局面。为了应对这些压力，电力公司需要可靠、值得信赖的数据分析模型，可以随着间歇发电的不断增加而准确地预测需求。并且为了支持负载规划分析，避免昂贵且低效的交易失误，间歇性发电就需要被精细地预测。

电力预测分析是真正解决电力公司内部许多业务问题的基础，并且可以被最佳地表示为优化模型，收集各种智能电网数据操作源，例如，近实时的馈线需求配置文件和容量利用率数据。这些数据可以被多维度的高级模型充分利用，在广泛的时间范围和场景中了解电路状态。特别是在企业中，数据分析模型可以被堆叠并且在许多情况下有多种选择。电力预测模型受益于具有丰富的编程接口的平台方法，可以访问通用的电力公司和第三方的数据源。

5.2.2 资产管理

资产管理分析应用——各种所谓的预测性资产管理、预防性维护或以可靠性为中心的维护——可以帮助电力公司以最高绩效运行资产，并预测可能导致意外和高成本断电的事件。资产管理分析有助于减少故障时间和不定期维护、延长资产的使用寿命、优化维护周期，并找出不良资产存在的根本原因。高级资产管理系统还可以提供自动化监控和警报以及支持资产维护和更新决策的预测能力。

由于电力公司是资产密集型企业，所以这种分析能力的价值似乎是显而易见的。从短期内考虑，资产管理能力是一把双刃剑，基于客观证据就能做出资产相关决策；然而，基于主动策略的意外支出的成本可能是高昂的，因为风险资产不一定会被及时地揭露。但这可能是一个短期的影响，随着电力公司越来越依赖数据分析系统来管理其资源，并规划金融和远程模型中的运营，这种影响将会逐渐消失。

资产维护是电力公司能够利用各种数据源获得高价值投资回报率的很好的例子，它支持多个功能领域，包括工程、运营、业务，甚至野外施工。资产管理应用将电网传感器数据与维护数据、历史资料以及关于任何特殊资产的具体信息（如库存和保修数据）结合起来，以实现资产监控、高级模型开发和根本原因分析。预测资产维护分析的最直接价值是能够检测设备的故障和异常，并在断电之前加以解决。根本原因分析是上述能力的关键部分，因为它使工程师能够进行有针对性的维修，并减少在故障排除上花费的时间。不幸的是，主动维护并不总是可能或可行的，但是那些努力达到 80—20(帕累托原则）的主动性和被动性维护比例的电力公司将会进展顺利。更好的数据分析模型是这一成就的基本要求。

ABB 北美智能电网副总裁 Gary Rackliffe 在与电力分析研究所的一次谈话中阐述了资产分析的价值。

在改善资产健康的这个新环境中，有一些推动变革的力量开始发挥作用。首先是遵从相关法规，通常都会存在很小的灰色地带。电力公司需要按规定的时间检查设备。此外，电力公司必须解决两个关键问题：资产健康是什么以及资产有多么关键，以维护安全、可靠的运营，并推动基于条件的维护和资产投资决策。这两个问题使电力公司能够确定资产的总体故障风险。重要程度是一个非常重要的评估指标。例如，小型玉米田分布式配电变压器的停电带来的影响并不像大型发电机升压装置的意外中断那样严重。[22]

图 5.1 显示了企业数据分析部门在职参与者的总览图。SAS 研究所提供资产可靠性数据分析工具作为其整套预测资产维护解决方案的一部分，以帮助减少意外断电数量并优化维修和维护计划。该控制板视图提供全体人员可视化资

---

[22] 麦克 · 史密斯（2013 年 7 月 31 日），“资产管理的变革：做出关于资产的更明智的决定”，电力分析研究所。

产绩效的能力，重点关注成本和产能损失、详细的成本分析、资产组合的数据挖掘以及基于位置的可视化工具。

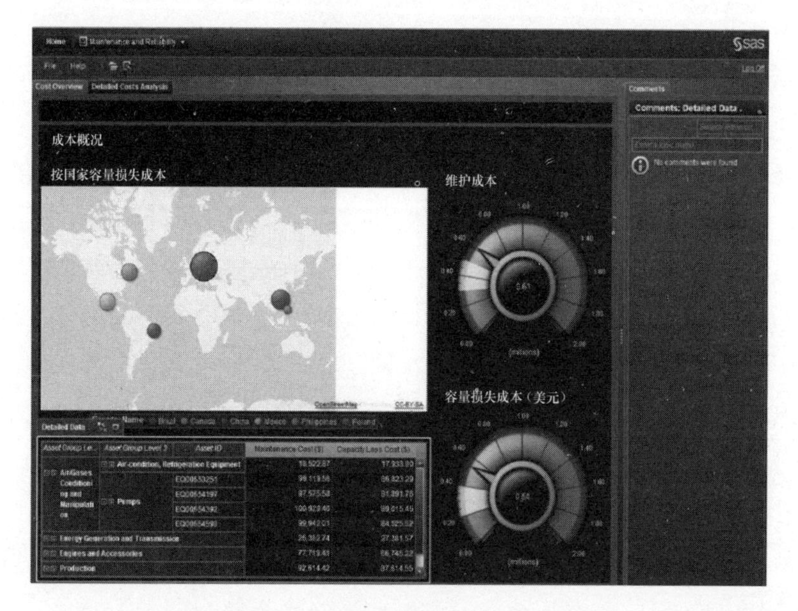

图 5.1 SAS 资产分析的可靠性和维护成本概述图（版权归 SAS Institute Inc. 所有）

资产分析工具的使用改变了资产维护策略，从基于时间的维护实践到基于数据驱动的、优先级的策略。但是，就像数据分析为电力公司带来的诸多挑战一样，随着这一重大变化，流程和人员都需要适应，以充分利用资产分析带来的好处。由于电力公司对风险特别敏感，并且由于资产分析显著降低了风险，所以在电力公司内部推动数据分析驱动的资产管理将可以早日得到正在从事长期工作（有时几十年）的战略规划者的认可，而不是年复一年的战术需求。支持整合可用数据的分析模型将大大提高电力公司内部的核心功能。

5.2.3 需求响应和能源分析

管理高峰需求几乎对于每一家电力公司来说都是一个挑战，而且年复一年，降低高峰需求的比例变得更加困难。推动客户参与电力公司需求响应和能源效率计划是应对这一挑战的关键部分。公共电力事业，特别是在发达国家，已经尝试了几十年，用激励、补贴和教育活动成功地吸引居民消费者，以鼓励他们参与这些计划。不幸的是，它们的努力是徒劳的。相反，商业和工业（C&I）

客户倾向于更多地利用这些计划，因为他们会得到巨大的财政奖励。事实上，一些因业务问题关闭或操作慢而得到补偿的公司得到的钱比它们日常满员负荷运营获得的钱还要多。再加上电网可靠性和运营质量的问题，在符合法规要求的同时切实执行节能减排措施是非常重要的。

理论上，住宅客户的用电总量消耗了很大一部分负荷，但C&I客户更易于管理且更可靠。例如，一个工厂的用电量相当于许多家庭，因此，尽管电力公司只有单一的客户也要确保负荷不会超标。然而，住宅需求方面的计划也不容忽视，因为他们的用电量占得比重越来越大，而且从历史上来看，可以非常快速地实现住宅客户负荷下降。[23]需求响应分析应用可能是某种可靠的捕获用户节约且必须真正意识到电网管理的潜能的关键，特别是在电网压力和高电价期间。需求响应模型有助于电力公司计划和管理其项目。这些应用程序使电力公司计划管理人员能够识别有可能注册的住宅客户和C&I客户，以及在这些注册客户中哪些应该是目标客户和他们什么时候成为目标客户。

住宅用户需求响应分析

在全球范围内花费几十亿美元安装智能电表，但投资回报率（包括促进客户使用智能电表改善消费行为的提升）却远未达到我们的预期。智能电表安装过程中早期某些步骤的缺失导致了它们在消费者群体中的反弹，以及客户对电力公司的高度不信任，包括从隐私内容到对电表的健康和安全的担忧。在起初推出智能电表时，电力公司非常看好设备对消费者的有益影响，它们就像是镶嵌在智能电网中的宝石。对于许多消费者而言，在费用激增之后（由于几个因素包括许多被替换的模拟电表运行缓慢的事实），许多客户纷纷表示不满，发生许多诉讼事件，最终出现了智能电表选择退出计划，并使消费者继续使用他们的旧电表。导致这一事件发生的原因是电力公司最初没有从客户优势考虑，它们几乎完全将精力集中在投资回报率的运营上。

由于用户的节约和效率是如此重要，因此，这种情况不会持续下去。就像沃伦·巴菲特（Warren Buffett）所认为的：“只有在潮水退去时，你才会发现谁是一直裸泳的人”。在计划中不考虑消费者的电力公司是没有“泳裤”的。

---

[23] R. Blake Young（2013年8月28日），“住宅需求响应为什么重要的5个原因”，智能电网新闻。

政策制定者和监管机构正在要求电力公司明确考虑客户未来将在能源交付方面发挥的作用。作为不断变化的潮流的标志，2011 年加拿大安大略省能源局发布了关于智能电网规划和投资的指导和期望，并特别提到客户控制、教育和数据访问的重要性，并强调要基于客户价值对计划进行评估和估量[24]。过去那些回避客户的电力公司现在必须找出合适的方法吸引消费者。利用内部电力公司数据和第三方数据的高级分析模型对于电力公司来说可能是一个最具成本效益的方法，它们在历史上被证明非常具有挑战性的领域中取得成功。

也就是说，小型企业和住宅客户的问题与那些 C&I 客户的问题有很大的不同。从数据分析的角度来看，C&I 客户关注的重点是能够采取应对行动来对随时间的变化而变化的能源进行定价，对于电力公司和客户而言，在用电高峰时段暂停终端操作在经济上是有益的。住宅客户和小型商业企业（由于他们很少或不能关闭如冰箱、冷柜或家用医疗设备等）需要采取不同的方法。一些研究人员和电力公司相信，基于价格的机制对这些客户同样有效，但在短期内，这一假设是存在问题的。

许多调查显示，即使客户愿意参与电力公司计划，他们也希望节省电费，这与以任何可持续的方式所预期的结果相当不成比例。在美国，很讽刺的是电力公司提供给客户的奖励远多于因高效用电和参与需求响应计划而带来的收益。开发一个创新型的用户收益模型，电力公司优先考虑并凭此确定如何最好地吸引客户、如何为计划的推进建立扎实的业务，以及如何从这些计划中获取合理可靠的收益，这是当前电力公司要解决的关键问题。

分解

旨在帮助弥补人与技术之间差距的最有前景的节能创新之一是分解分析。分解是能够使用统计方法来处理来自辅助计量传感器的智能电表数据或测量值，展示了电器的用电量，特别是诸如空调、热水器和电炉等大功率的设备。显然，这些信息可以帮助客户了解他们的用电方式，找出如何利用合适的节电策略，并帮助他们发现低效率的设备和可能发生故障的设备。特定的设备信息对于研究和开发也是有价值的，提高了电力公司在灵敏度、能源效率和需求响应方面

[24] 安大略省能源局（2013 年 2 月 11 日），“董事会报告：智能电网补充报告”。

的准确性以及负载预测的准确性。

分解分析可以通过两种基本方法完成：一种是直接使用设备测量离散的负荷，进行光谱特征分析或波形分析（两者都是高度准确的）；另一种是非侵入式负载监控（NILM）。NILM 是麻省理工学院（麻省理工学院，美国专利 4858141）在 20 世纪 80 年代早期开发的，该系统使用关于测量无功功率和实际功率的分析，通过检查流入家庭的电压和电流来识别电器。图 5.2 显示了麻省理工学院于 1989 年公布的一项专利，该图显示出瞬态事件是如何被检测到的，以及确定分立设备的启动和停机事件。

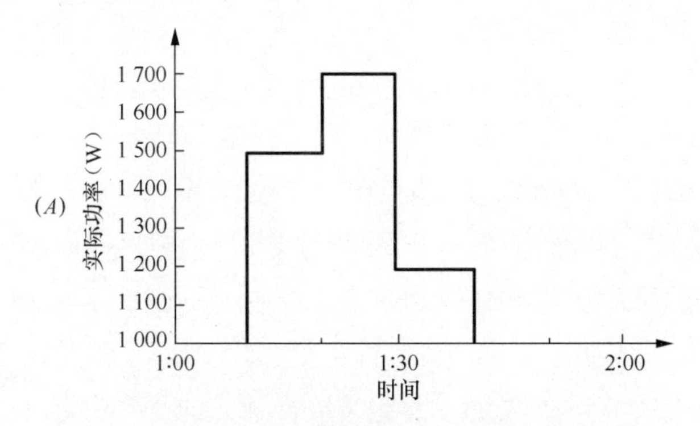

图 5.2　实际功率随时间变化的模型瞬态事件检测
（资料来源：来自美国专利 4 858 141 图 3）

值得注意的是，NILM 远不如基于硬件的解决方案准确，但是成本低廉，因为它不需要客户介入，用附带的管理系统就能实现。[25] 尽管其保守的结果导致这项技术最初作为一种正规的研究方法在很大程度上被业界忽略，但随着算法和分析工具的改进，现在 NILM 是可以胜任的——可能是市场规则——使电力公司能够最大化负荷规划、优化能源定价、改进需求响应和用电计划，帮助整合电动汽车以及作为资产管理应用程序的数据来源。

现在，业界逐渐认识到有效分解的价值，供应商正争先恐后地优化算法使其可与智能电表结合使用，从而以一种可扩展的方式从电器数据中获得收益。斯坦福大学确定了分解算法使用的各种数据特征，以识别多达 100 个特定设备。这些特征包括视觉上可观察的模式、功率转换和识别电路类型、瞬态和设备背

[25] Jeff St. John（2013 年 11 月 18 日），“将能量分解技术应用于测试”，绿色媒体。

景噪声的谐波分析。分解令人惊讶地有效，因为即使在不同的频率下，也可以识别出各种不同类型的设备。[26]

智能电表的出现几乎能够使分解分析的潜能全部实现。客户几乎不需要付任何成本和安装费用，未来10年发达国家的采用率将会达到100%。而且，具有用于负载监控的子表功能的硬件解决方案是昂贵的，可能难以安装和管理，并且迄今为止，采用率很低。鉴于这一事实，分析驱动的NILM的商业案例是令人信服的，并且分解分析将会带来很多利益，从而撼动整个市场。

商业和工业客户分析

对C&I客户的严肃的需求响应一直是聚合商的职权范围，其目标是使他们自动参与。这是大企业才能做的事情。根据美国PJM公司的报告（在美国东部13个州和哥伦比亚特区传输批发的电力），2012年仅7个月时间它们获得了870万美元的收入，而在2008—2012年的41个月内则为710万美元。

在行业发生巨大转变的情况下经常会出现这种情况，监管压力推动变革——在这种情况下，如果我们深究到底，将发现根本原因在于联邦能源管理委员会（FERC）颁布的第745号法令。这个2011年颁布的法令规定，对于发电和输电来说，购买电力必须按批发价格支付，而不是批发和零售价格之间的差额。这将改变当前的现状，其中大部分款项转到了少数能够承担超过10兆瓦（MW）发电量的大客户手中。[27]该法令最终如何服务以扩大需求响应的呼吁尚未得到充分评估，但需求响应的集成商正在努力改变其产品。有一点是清楚的，C&I客户的需求响应使大企业能够直接参与和辅助电力市场。许多工具——为客户提供与传输组织的实时和预测数据相结合的分析和图表功能——正在向自助服务迈进。

在行业中快速兴起的创新带来一个意外的效果，即清除了电力公司、电网运营商、集成商与终端客户彼此之间的障碍。作为电力公司整体现代化计划的一部分，端到端管理的功能正在成为电力公司努力减少或消除功能性孤岛的黄金标准。谁将最终提供这些服务还有待观察。虽然集成商正在调整方向以成为

[25] K. Carrie Armel、Abhay Gupta、Gireesh Shrimali和Adrian Albert（2012），“分解是能量效率的圣杯吗”？“电力案例”，Precourt能源效率中心技术论文系列：PTP-2012-0501。

[27] 凯瑟琳·特威德（2013年4月2日），“需求响应支付在PJM中显著增长”，绿色媒体。

提供全面的软件解决方案的全服务能源顾问，但是其他的电力公司正在努力将此功能带回到公司内部。

无论是深度嵌入还是作为一种赋能特征的数据分析能力，都是从零散的需求响应应用程序转向以客户和作为单个操作单元的电力公司为一体的提供全方位服务产品的关键。这样的方法通过创建一个接入到客户管理系统的操作系统来使电力公司和客户都受益。使用这些工具，电力公司可以进行客户登记、管理程序、使用数据分析模型进行减负荷预测、优化资产组合，甚至向客户发送通知和时间报告。

显然，预测性分析和规范性分析有助于电力公司理解其高价值行为，是高级需求响应系统中的关键价值产生者。然而，分析模型有许多作用（尽管在许多方面都不太明显），包括发电预测和优化模型，以及为 C&I 客户提供信息以使他们了解能源使用情况和参与电力公司计划获得的好处。图 5.3 是源自 AutoGrid 公司为其需求响应优化和管理系统（DROMS）所描述的模型，并解释了数据分析在端到端需求响应方法中所起的作用。[28]

目前，很少有供应商提供如此强大的方法使用数据分析来满足 C&I 客户的需求响应，但分析解决电力问题的快速应用与基于云的平台方法相结合，标志着开始向端到端的解决方案的关键转变。创业型公司通过高级算法来支撑自身的业务，但传统公司只有在传统的智能不能支撑其产品研发时才会发现这一机遇。随着电力公司发现低启动和低运营成本，以及通过统一和一致的方式实现高价值 C&I 客户需求响应而发生的可靠负荷的流失，几个基于云的试点项目正在迅速被推出。

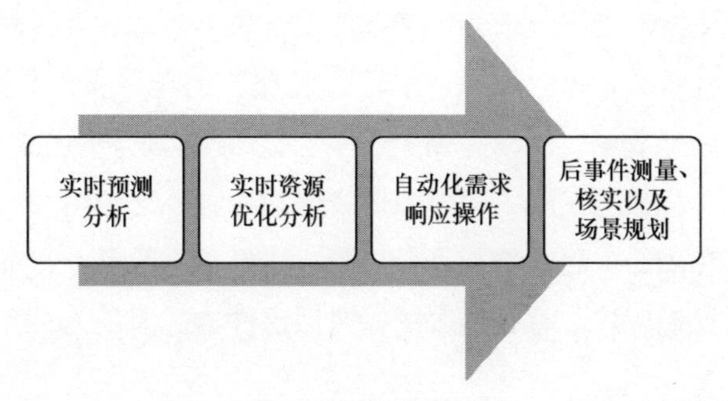

图 5.3 使用数据分析形成端到端需求响应的 AutoGrid 模型

[28] AutoGrid，*AutoGrid DROMS*。

5.2.4 动态定价分析

随着智能电表在发达国家的普及，电力公司、监管机构和客户都将动态定价视为一个新的利润增长点。目前，大多数电力用户按照固定的价格支付他们使用的用电量（kWh），不管每天提供多长时间的电力以及当时输送电力的瞬时成本。随着可再生能源发电在能源结构中占有更大份额，发电的瞬时成本进一步波动，这种与成本脱节的定价方式将会变得更加困难。动态定价模式将会改变这种收费机制，使相同的设施在不同的时间收取不同的费用，这种模式能够反映真实成本的价格。有许多挑战，电力费率厘定通常对公有电力公司来说是一个正式的监管或治理过程，而费用厘定通常需要一些尝试将价格定在公正、合理和非歧视性的水平上。[29]

动态定价的支持者认为，客户将对电费开支有更多的控制权。另外，反对者担心低收入客户——特别是老年人、有孩子和有疾病的客户，尤其是居住在极端气候地区的人会受到不公平的待遇。住宅客户是否能够对冲 C&I 客户可以承受的高价格的风险还存在疑问。为了保证分配公平，同时建立一个能够准确反映在不同需求情景下提供电力的强加成本的收费机制，客户需要能够在价格高的时候改变他们的消费行为。这意味着实现动态定价的关键之一是能够提供满足需求并影响客户行为的产品和服务。这只能从供应和需求的数据分析中寻求帮助，以及对价格自动响应的客户端技术来实现。

客户关系影响客户行为

2013 年，据宣布多伦多枫叶队宣称根据比赛对手和比赛时间的不同来制定票价，球迷为观看“更好”的比赛支付更高的票价。枫叶公司的总部声称，票价仅仅由市场力量支配，所以是完全公平的。球迷们是怎么想的？他们似乎并不认为这是一个积极的发展，实际上这令他们生气。这种模式也并不是价格歧视，有助于库存配给。起初看起来很简单：如果球迷希望看到自己的球队的最佳表现，那么他们应该愿意花更多的钱来做这件事。但是，系统可能会出现事

---

[29] J. P. Tomain 和 R. D. Cudahy（2004），《能源法缩影》（Nutshell Series），West Group，第 4 章，p.392。

与愿违的结果。正如一位评论家所说，“依靠严格的以需求为导向的定价将会影响球迷团队的关系，进一步会影响球队的收入。”[30] 只有时间才能告诉我们这一决定带来的真正影响。

也许将电力公司动态定价方案与曲棍球票定价进行比较似乎是不理智的，但是，考虑到客户与电力供应商之间的关系不佳——实际上电力公司为了实施需求响应和能源效率计划必须与客户建立信任关系，这值得考虑。是的，用电并不是一种体验（但也许应该是），即使客户习惯于支付费用然后享受服务，但这不是重点，重点是动态定价模式将关注从客户接受服务转移到费用本身上。

让客户不愉快和产生矛盾是许多电力供应商面临的新问题。在过去，客户只作为电力公司收入的来源。现在，受到去中间商化和中空化的威胁，可承受的微发电的可用性、社区聚合模型，以及争夺客户关注度使电力模型得到发展。到这本书出版的时候，非常期望能够看到电缆公司进入能源供应商的位置。因此，真正的挑战不是如何通过算法确定最大收益，而是如何平衡创收和客户之间的重要关系。具有讽刺意味的是，可能正是客户的信任和参与使需求响应和使用效率相结合的动态定价模式得到认可，最终使电力公司建立起有效的定价方案。

定价方案的细微差别

不仅仅是电力公司正在努力寻找方法来使收入和提供客户价值相匹配。请参考 SAS 研究所的白皮书关于银行和财务管理部门客户关系管理专题的摘录。银行特别感兴趣的是了解谁是有价值的客户以及应该给他们提供什么样的产品。传统的一些信息，如信用评分，正在与外部数据结合进行分析，取得了巨大成功。

如今许多银行希望增加消费者和小企业的收入……并且还建立了紧密的客户关系，减少客户流失……通过高绩效分析，银行代表可以评估客户目前对现有银行产品和服务的使用情况，得出相关的盈利能力，并将该信息与企业内部倾向、信用评分和外部数据（如未偿还贷款和其他财务关系）相结合……高绩效分析带给银行的整体价值在于，每个客户的互动都可以基于为每个客户优化新产品的价格，从而增加固定收入、提高银行利润，同时为每个消费者或业务

---

[30] Mike Lewis 和 Manish Tripathi（2013），《为什么体育迷们讨厌动态定价》，埃默里体育营销分析（@sportsmktprof），埃默里大学。

客户提供最优的消费体验。[31]

像银行一样，电力公司需要保持对客户行为的更多了解。一些数据分析公司已经开始进入该市场，以帮助电力公司影响消费者的用电行为；然而由于最初的动态定价方案当前是面向 C&I 客户的，住宅客户的解决方案是滞后的。一些数据分析功能在推动新定价方案时已经被证明卓有成效了，包括基于客户类型、季节和终端用途特征的多维度分析（例如家电类型）、模拟影响消费选择的最有效的综合分析方式，以及对价格影响数据分析进行弹性建模。可视化分析是为电力公司创建动态定价复合结构的重要组成部分，并提供可视化和仿真分析各种定价方案对客户的影响及其用电量的相关趋势。[32]

有效的数据分析工具将帮助电力公司获得急需的洞察力，即哪些定价模式将对终端用户的消费行为、客户类别、季节性等因素产生最大的影响。基于预测性和规范性模型的仿真有助于将电力使用行为与各种动态定价模式相匹配，并通过确保其具有弹性响应定价计划所需的工具来证实对所有客户的公平性。

5.2.5 收入保护分析

窃电，被委婉地称为“电力分流”，是一个全球性的问题，它不仅在电力收入方面造成重大经济损失，而且在一些发展中国家，电力分流已经造成了对紧张的基础架构的严重消耗。智能电网数据分析在确定窃电类型方面起到关键作用，有助于保障收入。电力分流是通过彻底地篡改电表、接入其他住宅、用低功耗场所进行电表切换或某种形式的电表旁路来实现的。

多样的数据分析应用非常适合解决这个问题。埃森哲已经开发了基于电网基础架构的盗窃分析模型，将基础架构成熟度与数据分析能力相关联。该模型从基本的客户分析和计费数据开始，并逐步向智能电网馈线和变压器指标方向迈进。在最高的能力水平上，该模型强调了模型早期阶段的能力聚合、网络可视化和地理空间分析。[33]

同许多综合的数据分析方法一样，埃森哲模型展示了完全实现的解决电力

---

[31] Ana Brown（2012 年 2 月 16 日），SAS 的《知识交流》，“双赢：客户关系动态定价”。

[32] 空间、时间、洞察力：动态定价复合结构。

[33] 埃森哲（2011），“通过盗窃分析实现高绩效”。

公司具体问题的方法的跨领域性质，从检测历史账单信息中的异常开始，然后将智能电表的间隔数据、状态和事件、馈线分析、地理空间网络可视化相互关联。从业务角度看，该模型的构建能够持续而又极大地提升企业的能力，同时，该模型的研发路线图与企业中其他智能电网项目保持一致。

具体来说，电力公司用于检测和解决电力偷窃事件的数据分析技术包括分析来自相似类别的客户信息系统的数据，以及基于各种特征、调查数据来识别使用异常和预定阈值、模式的违规情况。智能电表的数据是大有用处的，因为准确的消费数据可用于快速构建一条高精度的负荷曲线，它可以与其他配置文件进行比较，并适应季节性或天气相关的变化，也可以将第三方数据整合到数据模型中，如信用记录、犯罪记录，甚至是社会关系。此外，用于检测窃电的许多技术除了应用于分配优化、电压和无功率（VAR）优化以及故障定位、隔离和服务恢复（FLISR）应用的转移检测之外，还可以应用于电力公司内部。

5.2.6 打破部门间壁垒

虽然我们在下面章节中会继续讨论、概述运营、客户和网络安全分析，但很明显，在实现智能电网的电力公司中，数据和部门孤岛将自然消失。如前所述，许多依靠运营、业务和第三方数据的企业应用会带来显著的投资回报率。职能部门的界定，基于业务进行项目管理在电力公司中已经发挥了很好的作用，但是随着电力公司逐渐朝着未来业务运行模式转变，使用数据分析来进行未来的业务优化，这种职能间的界限将会变得越来越模糊。

CHAPTER 6
第6章
运营分析

阿波罗 10 号发射室中发射人员在咨询（资料来源：NASA [34]）

6.1 章节目标

运营背景下的数据分析是一个广泛而深入的课题。本章阐述一些关于如何

[34] 图像从公共领域检索。

在控制室中使用数据分析以及涉及开发运营大数据分析系统需要考虑的最重要的驱动问题，包括控制室活动的性质、快速有效决策分析的展示、综合布线的自动化、弹性分析的使用以及标准的重要作用。

6.2 调整力量以改善决策

运营分析的简明定义必定缺乏准确性。消极一点的定义，运营分析不是关于珍贵的顿悟时刻或讲故事，而是关于当下做出更好的决策。虽然它可能有许多有益的副作用，例如由良好运营的电网提供的客户满意度和优化，但是改进决策是运营分析的主要原因。通常假设只有战略分析可以对业务产生高度的经济影响，但运营分析包含了从低价值到高价值决策的全部范畴，汇聚了不可否认的高影响力的结果。

作为传奇企业的管理顾问、教育家和老师的彼得·德鲁克（Peter Drucker）说：

> “企业中的每一级都会做出决策，从个人专业贡献者和一线主管开始。（这些）决策可能对整个企业产生影响。做好决策是每一级的关键技能。”[35]

我们可以从Drucker的观察中得出相关推论：企业中的每个功能领域需要有足够的洞察力，才能引导员工做出明智的决策。在数据驱动运营的时代，这是要实现最大的生产率和利益最大化的方法。有效的运营分析模型不仅有助于推动这种所需的洞察力和理解，而且有助于驱动决策达到最高价值的行动。运营功能尤其需要分析能力来提供快速决策所需的工具，并使用实时数据解决当前的关键问题。

运营分析通常建立在具有非常低延迟的大量数据上，并且在许多情况下，它们不需要人为干预。这种自动化功能通常构建并集成在电网设备的主板上。

[35] Peter Drucker（2004），《什么造就有效管理者》，哈佛商业评论，vol.82 ,no.6 。

如上所述，因为直通式分析和板载式处理分析是一个高度专业化的领域，因此，我们将继续关注利用运营分析进行数据挖掘、预测分析、优化和仿真。

6.3 洞察的机会

为电网提供从变电站到客户电表的洞察力，对于电力公司来说是绝佳的机会。智能电网使电力公司能够将安装在变电站、变压器上的传感器以及来自智能电表中的具有感知能力的报告集成给系统运营商。显然，电力公司现在有了帮助执行电网上的任务的仪器，这些任务在以前是根本不能完成的，或至少是非常困难的。通过聚合特征和负载信息，运营商能够理解系统负荷和利用率，以确保资产随着时间的推移仍保持在其业务范围内。

间歇式可再生能源的管理是另一个强大的用例，可以对远超出现有监控和数据采集（SCADA）能力的可靠性和协调性产生重大影响。随着分布式发电技术将能源存储、插电式电动车（PEV）、屋顶太阳能馈电以及需求响应计划融入供应组合，这些机会日益增加。不幸的是，有明显的证据表明，大多数电力公司一直无法分析超出描述、分类和聚类的基本任务的数据，从而从诊断和预测中受益。这很可能是由于在理解运营分析的价值、如何投资、如何建立投资回报率（ROI）以及如何将运营分析纳入业务战略和规划方面缺乏经验。[36]

业界对运营分析的未知因素有所关注，但这些流程所需的技术实际上是早已被投入使用和被证实的。即便如此，电力公司也被建议要一点点发展它们的实力，不仅投资于大爆炸技术，还要致力于防止企业变革出现混乱的管理部署。企业数据也在运营分析程序中发挥作用，特别是在做预测和外推趋势方面；在某些情况下，运营模型直接依赖于历史和业务数据，然后对实时数据进行实时决策。

自适应模型

在运营领域，许多有用的模型都采用自适应方法来帮助提高预测算法的强

[36] BRIDGE 能源集团（2013 年 9 月 17 日），“90%的电力公司正在使用旧的分析工具，但期待新的结果”，美通社。

度。通过标准模型，部署后，它们将持续运行直到被更新或改进的模型替换为止。自适应模型基于它们实现的结果不断进行自我调节。这意味着输出本身将被分析并基于模型中内置的成功度量，它在运营环境内进行调整以改善其结果，从而使系统适应新兴的条件。

自适应模型是复杂的，对这些建模技术的明确综述不在本书的范围之内。然而，需要理解两种类型的自适应模型：考虑模型内容的模型和不考虑模型内容的模型。仅因为一个模型不能理解内容并不意味着它不能成为一个有用和强大的工具，事实上，许多预警系统包括这样的自适应模型。如果为了保持理想条件，模型可以确定某些参数何时脱离临界值，甚至可以将该数据与其他纵向类型的数据相关联，该模型可以发出行动警报。这种方法具有适应性是因为它不需要预定义的工作流。内容感知自适应分析（有时被称为语义分析）目前依赖于以某种方式标记的底层数据，但是这将很可能演变为大数据处理技术的进步。

自适应分析能够非常适合于运营环境的原因之一是将数据描述为实体——一个位置、一位客户或一项服务。自适应分析模型有助于提高信心，并且已被证明有助于电力公司运营商发展其分析模型的信心。例如，考虑一个预测模型，从目前来看，在给定时间段内，暴露于过载事件的变压器在未来 30 天内有 95% 的故障概率。然而，如果发生某些有害事件（本身可以预测），则变压器在 15 天后出现故障的可能性增加了 50%。当应用该模型时，该模型使用刷新的数据进行相应地调整，提供更强有力的规范性的洞察力。

6.4 关注有效性

电力公司的运营环境对于应用数据分析而言是非常理想的，鉴于对有效性的关注，这可能是从智能电网技术部署中找到直接和具体的 ROI 的最佳途径。BeyeNETWORK 的作者撰写了运营分析，并指出，尽管事实上并非所有以运营为重点的决策都具有非常高的经济价值，但这些决策的数量可以轻而易举地超越单一关键战略决策的价值的影响。作者在讨论运营分析如何驱动这一价值时，指出：“由于运营决策的重复性，他们积累了大量关于什么可行和什么不可行的历史记录。即使历史数据丢失，运营决策的重复性也适用于实验和测试，以获取关于什么可行和什么不可行的数据。”[37]

如图 6.1 所示，运营决策是一个持续的数据分析处理循环，包括针对特定行动或不行动的风险和机会的评估、决策的影响，对采取行动的影响的评估以及随后的分析模型的自适应调整、风险和机会评估的不断循环的分析模型。然而，最强大和最有效的模型需要历史数据，因为它们依赖于在之前的结果的背景下工作。

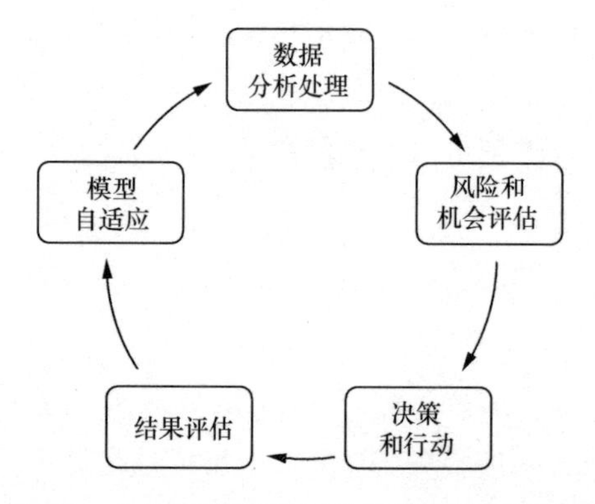

图 6.1　在运营领域中自适应分析的良性循环

开始收集实体层面的数据是很重要的，因为该数据是可用的，并且可能是最初在运营分析中已经明确定义的。一种方法是检查可以自动化的低价值和低复杂度的商业决策，从而释放企业资源，使其可以聚焦于需要专家干预、更复杂和更昂贵的决策。该方法首先确保在计划扩大规模时收集和汇总数据，以供使用。设计得当，运营分析可以通过减少电网运行所需的成本被直接转化为积极的投资回报，间接地在日益受到资源限制的环境中更好地利用高级人员技能和人才。

电网可视化

电网的实时可视化正在成为利用强大的数据分析模型做出协调响应的重要方法，在第 12 章中将进一步讨论，但在这里提出是作为充分理解运行分析程序的关键。一个关于运营功能可视化的有效性的优秀案例研究是加州独立系统运

[37] BeyeNETWORK 和决策管理（2010），《运营分析：使分析在运营系统中起作用》，为 Oracle 准备的报告。

营商（CAISO），该系统管理了加州高压输电系统的50 000兆瓦的电力。这些远距离输电线占加州电力网近80%，将近3 900万人使用，经济状况与俄罗斯相当。[38]这些风险显然非常高，并且要求有可靠和安全的电力运行。在电网现代化之前，CAISO正面临着一个对电网的诊断不支持的运行环境——或许在某些情况下是可用的。在加利福尼亚州，作为使电网智能化的一部分，独立系统运营商（ISO）专注于通过高级可视化为控制中心的调度员和运营商提供情境智能。

该计划介绍了通过地理空间、视觉反馈获取电网实时信息的能力。CAISO配备了一块80英尺（203.2厘米）的视频墙，与数据分析供应商Space-Time Insight合作，提供可视化应用程序，可将各种信息（如火灾隐患和危机管理数据）、各种电网元素的特征以及天气对分布式发电的影响相关联。在控制室内，显示各种可运营的信息，与市场、电网和风险情报、系统规划信息，以及成功管理电网间歇式可再生能源所需的数据相互作用。在不增加疲劳的情况下，要识别出异常现象的数据表，对运营商来说使用起来是非常难的；轮廓和颜色的视觉扫描，为人们提供可以快速理解的反馈。CAISO报告，其跨功能领域合作的能力有所增加，因为企业不会丢失对其他人可能有价值的信息，从而使团队内跨多个学科的误解最小化，并提高有效性。[39]

不幸的是，可视化的显示不一定意味着数据分析应用程序的价值得到改善。事实上，恰恰相反，如果数据的呈现是无价值和不合适的，精心设计的呈现打破了运营商如何解决问题和获取需要采取行动的信息之间的障碍。直觉系统可以提供更高的情境意识，增加有效反应的可能性，并加强预防后续灾难性的事故。这是一个非常重要的问题，正如一篇描述实施数据分析情境智能应用的文章所述。

人类创造了真实世界的心理模型来帮助描述事情的运作方式，这些模型帮助我们解决问题。电网工程师使用自己的模型，通过系统反馈来选择最可能的行动方式以保持电网运行。如果所提供的数据与该心理模型不一致，则工程师将不断地翻译进入的信息，从而导致信息响应较慢、疲劳和更高的错误率。这个现象的一个典型例子是三里岛事故，事后调查的结论是控制面板的设计问题，

[38] 彭博商业周刊（2010），“加州保持经济规模位列第八”。

[39] 时空洞察（2011），“加利福尼亚ISO：将最先进的技术引入加州电网”。

具体来说，是一个设计不良的被误解的指示灯——部分造成了灾难的发生。[40]

有效的系统不仅仅在数据分析上是强有力和准确的，它们还将行为科学与工业工程知识和经验结合起来，创建有效的和由高压力环境下工作的人类可用的图形显示和交互系统。数据准备始终是将细粒度数据分析模型推入运营环境需要考虑的一个因素，但是简单的解释是，什么使这些模型变得实用。

6.5 分布式发电运营：管理混乱

CAISO 在运营分析方面取得的成功避免了由强制的可再生能源命令（使用间歇性可再生能源渗透率接近 40% 的目标）带来的预期电网问题吗？[41] 在德国，能源革命（Energiewende）已经带来了向绿色能源的重大转变，但还有一些与集成问题有关的主要问题，包括风量溢出、成本上涨，甚至煤电厂年复一年的二氧化碳排放量的增加正在缩短寒冷月份？[42] 当然，风能和太阳能正在成为全球能源组合的重要组成部分，然而排放标准并没有放松。但是，缺乏电网稳定性和管理可再生能源的灵活性是一个严重的问题。事实上，这是一场即将到来的危机。

根据 IBM 的超级系统集成商所说，有一个定义好的成熟度模型，与系统内可再生能源的运行和维护相关，可以驱动这些资产的优化功能。这种模型对与商务价值相对的、衡量可再生能源一体化项目的发展是相当有帮助的。因为它适用于数据分析，在其端到端模型中，IBM 包含了监控、管理和优化。图 6.2 描述了这些元素。

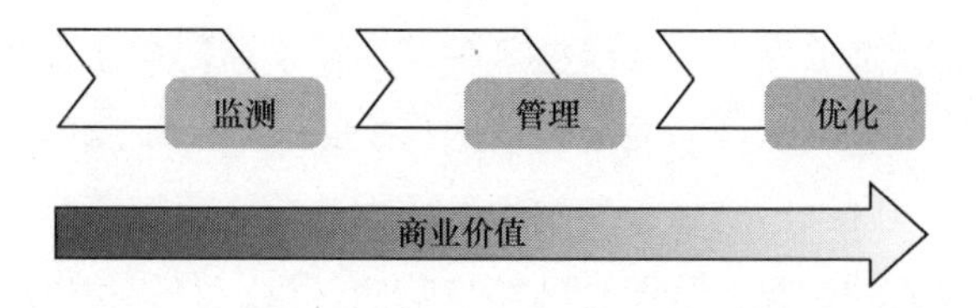

图 6.2　通过业务模型驱动的方法来优化可再生能源运行

[40] Carol L. Stimmel（2012），“现实世界的智能电网数据分析”，智能电网新闻。

[41] Jesse Berst（2013），“WSJ 说我们都在想：加州将很快有电网问题”，智能电网新闻。

[42] Spiegel Online International（2013），“德国过渡到可再生能源的高成本和错误”。

监测 可视化是控制非常零散的风力和太阳能发电系统的第一步。数据分析模型对操作板、关键绩效指标（KPI）的合规性和实时监控能力有帮助。为了在开始时获得有用的监控状态，电力公司还必须实施完整的数据管理解决方案，包括采集、存储、处理和呈现。

管理 对于可再生能源的运营和维护（O&M），管理功能主要取决于天气预报和高质量预测。高级分析包括用于数值风能预测模型，以驱动预测的电力输出，使协调的调度运营与常规电力源（如煤、天然气和存储）联系起来。间歇能源来源的集成问题到目前为止是增加可再生能源组合的最具挑战性的障碍。事实上，在某些情况下，它们实际上可能导致系统运营商缩减可能原本会为电网提供服务的发电量。此外，数据分析还可用于预测性维护支持，以减少总的停电时间，报告即将发生的系统资产损失，并增加可用性。

优化 如上所述，发电量不是可再生能源的问题，而是电网灵活性的问题。当数据分析驱动的工具被用于增加自动化机会时，优化可以实现最大的商业价值。此外，充分实现间歇能源的集成为替代业务和经济模式带来了机会，例如交易定价和对碳排放交易的支持。完全优化可再生能源资产对于满足社会、政治和监管的需求至关重要。[43]

数据分析是全球可再生能源全面工业化的关键。预测模型对于减少气候变化引起的不确定性尤其重要。至少在短期内，消费者的需求和市场状况不能改善天气的微小波动，通过间歇性发电的影响，可以影响输出的发电总量。一个可行和可持续的可再生能源计划既需要精确的预测模型，又需要自动适应随时间变化的不同来源的瞬息万变的电力输出。

6.6 电网管理

用于高级、实时配电管理的数据分析主要集中于优化。这些模型涉及电网配电网络中的功能，可用于执行状态分析；管理人力；进行故障定位、隔离和服务恢复（FLISR）；保持频率和电压水平；管理中断以及建模和管理负荷。其

[43] Rolf Gibbels 和 Matt Futch（2012），《智慧能源：优化和整合可再生能源》，IBM：思想领袖白皮书。

他分析模型很快就会从运营的必要性中脱颖而出，帮助监控和管理电动汽车、分布式能源（DER）和微电网。

各种应用支持控制室操作人员和电网控制支持的监测和决策，这些统称为配电管理系统（DMS）。在美国，现在的DMS系统中的实时管理是从断电管理系统（OMS）技术发展而来的，这些技术全面地管理了运行中的断电恢复、人员管理以及相关的客户支持活动。在其他地区，在SCADA系统允许进行电力控制操作之前，图片和文件是运营的核心。SCADA功能仍然在DMS拓扑中发挥作用，就像通信和遥控功能所发挥的作用一样。

现在，智能电网为配电自动化（DA）技术（如重合器、自动馈线开关、电容器组和稳压器）的DMS领域带来了新层面的复杂性和高性能。如上所述，DER和DMS之间的联系作为网络设备而定义，需要新的保护方案和更新的馈线配置，以防止系统扰动，这是一个用于描述变压器爆炸和停电的术语。

甚至控制室自身的应用程序也趋向于创建数据和功能孤岛的点对点解决方案。在智能电网的时代，我们将看到各种网络系统模型和传统的DMS——也包括OMS和SCADA——各种特征的平台集成的系统出现。这种统一的方法带来了灵活性，更简单的系统，以及快速驱动战略举措进入行动驱动的运营区域的能力。它的好处可能是令人信服的，但对DMS的重大改变是业内人士称之为“一大口”的想法。为了想象在电力公司中升级指令和控制的困难程度，可以考虑一下你更换车上的轮胎的困难度——当它正在州际公路飞驰。它们是一回事。

还有待观察的是，为满足整个智能电网生命周期（从DA到OMS的需求响应程序）集成解决方案的电网运行要求，将会出现什么主要架构。一些供应商正在呼吁将智能和控制转移到网络边缘的完全分散的模型。这种方法将主要需要数据分析驱动的控制应用程序的板载分析，这些控制应用程序将非常接近收集传感器和其他设备的数据。其他架构更多的可以被描述为混合型。具体来说，它们是不参与分布式和集中式系统之争的中立立场；相反，数据在网络边缘和中央系统之间被共享。在这一点上，一个电力公司很可能不会喜欢采用完全分布式的模型；还没有证据表明这些设备可以在没有人为干预的情况下执行任务。

在集中和混合模式的情况下，标准将是统一信息交换的重要考虑因素。国际电工委员会57技术委员会第14工作组（IEC TC 57 WG14）正在制订IEC

61968，更多地被称为通用信息模型（CIM），它定义了 DMS 的主要元素之间的接口。标准规范可以在 IEC 智能电网标准网站上找到。鉴于大量和各种传统的、新兴的数据从智能电网流出，将 DMS 功能扩展到电力公司而不利用通信标准可能是一个愚蠢的举动。然而，如果 CIM 是标准化数据格式的答案，或者如果其他定义将提供更好的互操作性，这仍然是可以被期待的。例如，由国家农村电力合作协会（NRECA）资助的 MultiSpeak 已经被认为是互可操作性的实际标准。估计有 15 个国家的 600 多家电力公司正在使用这种格式。[44] 另外，国家标准与技术研究院（NIST）也选择了 MultiSpeak 作为企业概念模型运营的关键标准。还有一些协调 CIM 和 MultiSpeak 的倡议，并使两者之间实现互操作性，允许端点使用 CIM 或 MultiSpeak 的转化。混乱无处不在。

标准与数据分析之间的关系

不确定性可能导致数据分析计划的失败。数据分析计划的完成耗时太久，战略可能会改变。CIM 和 MultiSpeak 所描述的标准通信模型可防止开发工作中的冗余，并有助于创建统一、高质量、可靠的程序库，这些程序库可以成为数据分析框架的一部分，并且在基于平台服务的架构中可以通过应用程序编程接口（API）被访问。考虑为两个不同的消费者设计的操作面板的示例：一名控制室操作人员和一名主管监督运营结果。这两个利益相关者需要从其分析软件得出不同的结果。操作人员需能够立刻做出决定，并分析情况，他还要能迅速深入挖掘根源。另外，主管将寻求了解发生了什么事情以及为什么发生，并要分析潜在的结果。数据分析帮助我们揭示事件之间的关系，甚至使用相同的数据，出现不同的视角。各级标准允许电力公司能够努力加快现代化建设的进程。鉴于数据分析在理解电网状态方面发挥关键作用，标准对于使用数字传感器和其他智能设备协调无数不同的、点对点的传统系统至关重要。

全球各地的电力公司都在高级计量基础架构（AMI）和智能电网技术上投入巨资，并会继续下去。然而，这些配电设备远没有完全认识到技术的价值和潜在的优点。同时，电力公司陷入数据分析投入不足和智能电网过量使用的危险之中。配电管理尤其不适用于基于项目的数据分析方法，即使在短期内可以

[44] MultiSpeak（2013）。

通过构建依赖于当前数据系统的分析模型来取得进展。从生产力分析的战术阶段转向更具战略意义和更具预测性的机会，ROI 将开始发挥其潜力。了解控制室内预测性分析和规范性分析的全部能力将使电网能够实现弹性的愿景。

6.7 弹性分析

做出风险管理的决策是电力公司控制室存在的意义。由于 DER 和如重大的天气事件等意外的现象，两者都加速影响电网，与电力公司追求效率和优化的全部需求相结合，能源供应商将需要采取积极的态度。支持用于管理可靠性风险影响的定量和定性技术的数据分析工具正逐渐成为电力公司处理这些独特挑战的最重要工具之一。因此，在运营领域，分析必须纳入开发良好的和值得信任的风险模型中。

开发有效的风险分析模型绝对需要提高一些能力：跨越许多数据源的模型的集成；建立跨功能的联系；以解决质量和完整性问题的方式安全地收集数据；获得技术资源和专业知识；有效地沟通见解。特别是危机管理模型，它们不仅通过提供改善情境意识的损失估计提高电网内部的弹性和平稳的恢复运营，还管理工作调度并预测恢复时间。战略危机模型对于电力公司来说绝对不是新东西。

2012 年 10 月 29 日，“桑迪”飓风袭击了美国东北部，数千万人没有电力供应，在某些情况下持续几个星期。显然，电网不能完全抵御泥石流和洪水，但弹性措施不同于“麻木不仁”，它们旨在使电气设施能够继续运行并促使它们快速恢复正常运行。电气与电子工程师协会（IEEE）*Spectrum* 杂志对风暴的评估指出，智能电网被设计成利于恢复的，并包括以下观察。

当停电时，智能电网的智能交换机可以检测到短路路线，阻断电力流向受影响的区域，与其他附近的交换机通信，然后围绕问题区域重新改变电力路由，以使尽可能多的客户通电。[45]

数据分析建模是这种弹性的关键。由于传感器和设备能够以微秒间隔报告

[45] Nicolas C. Abi-Samra（2013），“一年以后：超级风暴‘桑迪’强调需要一个弹性电网”，IEEE *Spectrum*。

其状态，因此，可以在亚秒范围内重新配置电网以恢复供电。然而，任何这样的重新配置必须能够支持负荷。实现这一点的一个方法是利用 DER，如电池存储和发电机，以及启动需求响应、降低电压，并利用现有的微电网资源，使电网的某些部分被隔离。为了实现这一点，网络必须被建模，并在许多场景下能够预测电网中下一步可能发生的事情，然后它必须能够给出最佳的行动方案。

目前，大多数网络模型用于规划目的，而不用于运营。合作研究网络（CRN）对导致增强电网弹性的内部流程的描述如图 6.3 所示。CRN 项目经理指出，准确性和情境智能的提高是由于更好地了解网络拓扑，以及运营部门能力的提高。

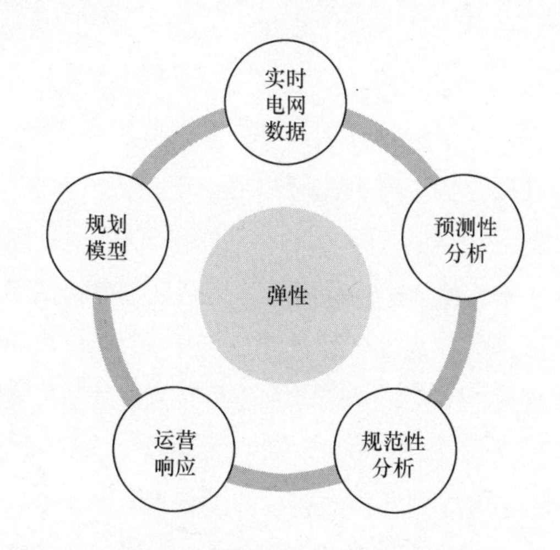

图 6.3　使用规划模型和数据分析创建弹性电网

6.8　从运营数据分析中提取价值

一旦部署后，运营数据分析可以导致制定决策以及执行速度发生巨大变化。但实现目标需要时间和耐心，因为只有实现了容易实现的小目标之后才能获得运营数据分析的投资回报。自动化报告以及插入系统将使运营功能中的生产率更易于衡量经济效益。

由于文化和系统障碍使得在使用电网数据方面比逐步改进更难，因此，其余部分可能并不是那么乐观的。例如，Oracle 在 2013 年报告称，电力公司现在收集的数据比它们使用的多得多，包括诊断日志、篡改事件、电压信息、间隔消耗、故障信息和电能质量数据。美国和加拿大的 150 个电力公司收集的近 40% 的停电信息的数据，AMI 收集的 20% 的数据并没有被以任何方式使用过。[46] 这表明了一个难以置信的错失的机会。

可以很容易假设电力公司正在存储数据供以后使用；也许一旦它们设置好数据管理系统就决心将充分地利用这些数据。那么，也许吧！然而，另外担心的是，其中大部分数据实际上已经被泄露，甚至无法将其作为数据存储，这根本是缺乏准备的。电力公司可能确实创造了一种被以太网的共同发明者 Bob Meltcalf 称作“能源网”（Enernet）的东西，但其功能和优势被浪费了。[47] 然而，像之前的互联网一样，“能源网”的高级功能将改变许多关于电力传输的事情，包括消耗能源的方式。由于运营领域具有许多低价值决策又伴有集合的高影响力的特点，它是将数据分析工作放在影响现在正在从电网流出的大量非常细小的数据上的理想首选。

也许电力公司从电信和金融行业展示的运营数据分析造诣中学到很多东西，但是有一个根本的区别：在大多数情况下，高质量的运营并不会使产品的销售增加或客户群不断增长。相反，对于电力公司而言，分析模型必须侧重于效率、降低成本以及如果不认真管理可能变得非常昂贵和危险的挑战。运营分析需要满足碳管理和减少温室气体排放量的要求，以及不断增长的客户自发电的需求，满足增加的电能，并在自发电无法生成足够的电力时仍依靠微电网。电力公司中正在设计分析计划的利益相关者必须意识到，大数据投资的回报很难与其他行业相比。从电力公司运营中提取价值更多的是在快速变化和动态的环境中更好地做出决策。

[46] 杰夫 · 圣约翰（Jeff St. John）（2013 年），“智能电表必须更好地融入电力公司运营”，绿色媒体。

[47] Erik Palm（2009），“Enernet”——一个来自网络巨头的智能电网视觉，绿色科技，CNET 新闻。

CHAPTER 7

第7章 客户运营和参与分析

在 1969 年总统友好访问阿波罗 11 号墨西哥城期间，宇航员被游行队伍中成千上万的人簇拥着（资料来源：NASA[48]）

[48] 图像从公共领域检索。

7.1 章节目标

智能电网为客户提供直接和间接的便利，但客户参与可能是电力公司最困难也是最重要的战略要求。本章将探讨综合客户分析的一些关键驱动因素，它们既可以为电力公司运营提供服务，又可以为客户提供服务。我们专注于如何使用客户分析来提升住宅客户的生命周期价值，提高满意度和信任度，并通过使用众所周知的结构化数据和新兴的非结构化数据，将第三方的作用纳入客户关系中。

7.2 提升客户价值

大多数客户分析系统的设计目标是预测客户行为，这主要与他们的购买习惯和生活习惯有关。这些系统主要被用于零售、金融和客户关系管理（CRM）系统，以计算每个家庭的消费价值，并确定家庭对公司的价值，通过提供有竞争力的产品和服务来保留有价值的客户。在电力公司中，直到最近，才加深了对客户的了解，这并不是一种领先，只是因为在该市场中，客户是受制约的，他们不能轻易从竞争对手那里购买电力。然而，电力行业已经卷起了一场完美的“风暴”，要求电力公司更好地了解其客户：屋顶太阳能发电已经变得更加实惠，同时对能源效率和需求响应计划的要求正在提高。尽管智能电网正在扩大高效运营带来的效益，比如降低开展业务的成本、改善账单和收款，但客户已经成为市场中不可或缺的一部分，不能再被忽视。依靠智能电网和智能电表提供基础数据，以便开发对客户的强大智能，有助于实现关键的实用功能以及提高投资回报率。

7.2.1 客户服务

由于缺乏竞争市场，电力公司的传统作用是向每个人提供单一产品，一直没有高度重视客户服务。事实上，过去对业务的关注也仅限于根据电表度数收费的操作，因为这确保了电力公司从它们提供的服务中得到补偿，向客户收取一定的费用。在这种情况下，电力公司主要关注的是降低客户服务的成本的同时保持可靠的电力输送。然而，随着监管部门推出清洁能源解决方案和建设现代化电网的政策以及第三方竞争的压力也越来越强，电力公司必须走向更加面向服务的方向。

这些服务包括管理分布式能源资源、支持电动汽车和家庭局域网络，并找到更好的方式让客户参与能源效率、需求响应和节约能源活动。因此，受监管和放松管制的电力公司现在必须开始从更加私人的层面上了解客户，并定义和建立真实可靠的客户关系。传统方法根本不符合这些要求。

特别是在竞争激烈的市场中，了解客户如何带来利润对企业而言是非常重要的，也是创建有针对性的服务模式的关键部分。例如，一个电力公司希望保留一个服务成本低的客户。实现这一目标的最佳方法是构建可靠的行为模型，帮助电力公司识别出能够带来最大利润的客户群，然后制定直接吸引那些客户的战略性客户服务计划。客户分析模型可以提高对客户盈利能力的认识，这些收获能够进一步提升一线运营。

总的来说，有几个关键方法可以提升电力公司的客户服务水平，包括客户细分、提供更准确地定位和同步的营销信息、客户情绪分析以及可以帮助客户更好地参与电力公司计划的方法论和方法。

7.2.2 高级客户细分

随着智能电表的使用，电力公司正在通过将它与其他第三方信息相结合来转向使用细粒度的消费数据，以开发更好的客户细分模型。对于需要随能源供应不断变化的快速调整的电力公司来说，使用高度定位的细分模型可以帮助它们提高能源利用效率和降低峰值负荷。通过更好地了解住宅和小型商业客户的消费行为，电力公司能够开发针对消费者需求的更好的能源产品和服务，从而提高使用率、ROI 和客户满意度。

从行业整体上看，电力公司对客户的了解非常少，以致可能会出现更快地基于对电力消费者的更深入了解的新业务策略。不幸的是，行业媒体都关注电力公司如何从智能电网的变革中生存下来，这与确认新的商业模式从而带来新的产品、服务和未来的繁荣是背道而驰的。而在未来，如何利用智能电网让客户参与进来是关键。智能城市委员会创始人兼董事长杰西 · 贝尔斯（Jesse Berst）强调了对客户不了解的危险性："智能电网的深刻的技术变革将伴随深刻的商业模式变化而来，除非电力公司正在努力从这些变化中获利和发展，否则其他公司会抢走客户。"[49] 随着电网技术的变化，电力公司必须充分调整好监管、政策部分与客户需求之间的关系。最终，或者是电力公司成为优化者，或者是它们会看到业务下滑，愤怒的客户将会离开电网。

预测性分析能够将电力公司数据与各种第三方的资源（例如财务记录、社交媒体行为、地理信息系统（GIS））以及人口统计数据融合起来使用。大多数电力公司对客户进行细分，使用一种基于规则的系统处理交易历史数据和其他客户交互结构化信息的方法。这种方法是昂贵和耗时的。规则，通常是相当简单化的，但必须被维护和调整。这些规则不会涵盖消费者从新闻、事件、娱乐，特别是社交媒体中受到的影响。事实上，电力公司甚至从来不重视这些。

此外，大数据可以以一种更加精确的方式实现客户细分，从而对市场的观察更加精确。机器学习技术也可用于市场细分，它使用较少的人力从数据本身自动生成多因素规则，而不是由分析人员创建稳定的规则，这样可以使系统从结构化数据和非结构化数据中捕获大量信号，并且随着消费者行为的变化，可以非常快速地适应目标方法。然而，同样需要谨记的是，即便是最复杂的人机协作，也需要人的直觉来验证和应用，即使规则超出了人类的推理。

7.2.3 情绪分析

情绪分析也称为意见挖掘，采用自然语言处理、文本分析和计算语言学的组合，从非结构化数据中提取信息。这种分析形式的目的是基于说话的内容来确定说话者或客户的态度，以了解网上舆论和监控企业声誉。

让电力公司考虑保持货币的有用性以及对社会媒体、博客和社交网络的重要性进行关注有些困难，但这些对智能电网的计划和实现的影响日益增加。3 个主要影响的领域使电力公司更加重视社会领域的活动：健康和安全、隐私以及智能电表的精度。以前没有影响力的群众如今也通过社交媒体获得信誉和效力，这导致监管机构要求智能电表具有"选择退出"功能；也导致电力公司一旦要

---

[49] Jesse Berst（2012），"为什么电力公司 CEO 提出错误的问题（他们应该如何提出）"，智能电网新闻。

求明确消费者利益，就要修改商业模式，促进电力公司在技术解决方案不足时仍要做出一些举措，以及促使整个社会对电力供应的全面了解。社会媒体也正在提供一些文化影响力的议题，如产消合一者的活动、负担能力和社会责任。

这些因素将确保电力公司开始将与消费相关的问题直接纳入业务需求，甚至技术设计中。电力公司长期以来一直将消费者信心指数作为市场营销方案的指示灯，但这些指数与实际客户情绪之间的关系尚不清楚。消费者信心调查显示，他们对电力公司的信任正在降低，但这些调查并没有告诉我们为什么，对于观察趋势和了解电力公司行动的影响来说，这些调查是相当粗劣的工具。2013年埃森哲调查报告显示，积极情绪一直在下降："不到25%的消费者选择相信他们的电力公司……具体来说，只有24%的消费者相信他们的电力公司并告知他们的使用行为从而优化能源消耗——与2012年比下降了9%。"[50]这是自2009年开始调查以来显示的最低的信任水平。

这个发现对于对客户满意度、依赖度很高的电力公司来说应该是相当重要的，它强调了全球各地的电力公司确保客户权力同时开展业务的基础需求。这包括获得比以往更多的机会，最大限度地发挥每个能源消费者的作用，从社会互动到账单。对于如何为客户创造"能源体验"电力公司必须要重新思考的一部分包括捕获主观信息、跟踪趋势，并利用这些信息进行更好的市场营销、发现机会和威胁、保护品牌和提高ROI。通过整合一系列工具、数据来源和情绪分析模式可以实现这些成果。电力公司最佳的早期方法是渐进式的方法，包含预付的成本、减轻新的情绪分析项目的负担。

7.2.4 收入追缴

几乎在所有其他行业中，坏账可以通过止赎或直接回收被收回。而电力公司不能做到这一点：已交付和消费的电力已经一去不复返了，收款工作只能发生在之后。预测性分析通过分析客户开始显示他们将无法履行电力义务的迹象，帮助电力公司看到坏账的到来，并帮助电力公司识别触发因素和事件。一旦发现这些触发因素，电力公司可以为客户提供适当的消息来帮助他们避免拖欠电

[50] Barbara Vergetis Lundin (2013)，"消费者对电力公司的信任达到2009年以来最低水平"，激烈的能源。

费，使用策略性的定制沟通，帮助消费者更有效地节约或使用电力，如付款计划或低收入援助计划。通过帮助电力公司优化其收费策略，被动的收费也从预测分析中得到好处，降低收款流程的成本，甚至将最有可能欠费的客户区分出来。

像每一个好的分析程序一样，打破数据和功能性孤岛是至关重要的。信用—收账模型受益于广泛的数据汇总，包括客户服务数据、消费数据、先前的结算和付款数据、电网数据（如影响客户的停电和电网健康）、人口和地理数据、满意度数据、配置和维修数据、营销数据、竞争数据、相邻的市场数据以及客户生命周期价值评估。一个模型可能包括客户的行为特征，例如，一个月内在自动取款机（ATM）提款的数量、银行存款余额、账户欠款分数和利息费用。

这些模型可以通过检测历史数据来构建，然后为每位客户进行打分确定其可能拖欠电费的概率。对于具体的追缴分析，最好的结果是开发一种自动化并挂接在模型中的沟通策略，使客户在正确的时间获得正确的消息。目标是减少对被动收缴的需求，随着日益上升的社会债务被动收缴越来越无效，必须在债务管理生命周期中更早地识别客户以进行有效和适当的客户参与和干预。在电力公司中建立类似的模型，将预测分析应用于收缴（或避免收缴）已被证明是相当有效的。在一起案例中，Pitney Bowes 报告说，“发现大约 75% 的拖欠电费的客户占模型中总人口的前 30%，这一发现可以加速预测客户参与的周期和响应时间”。[51]

收入收缴分析使用一种高级的方法，可以帮助电力公司提高客户忠诚度和满意度、加快收益、降低成本，同时支持短期和长期战略。完全实现的数据分析驱动的收入收缴流程可以帮助电力公司持续识别处于危险中的账户和收入瓶颈，并以特定于客户的、适当的方式智能地把全部工作按优先次序区分出来。

7.2.5 呼叫中心运营

由于强调电网流出的数据，呼叫中心活动产生的数据可能在电网现代化的背景下被忽略。容易理解的是，随着电力公司通过家庭网络、自动化和互联的纳米级电网越过智能电表进入用户家庭，呼叫中心做的更多的是支持消费者，这与电信公司要适应支持 Internet 服务的家庭网络（HAN）互联的方式相同（你

---

[51] Pitney Bowes（2013），“能量预测性分析 + 客户参与 = 坏账预防”网络广播。

送给我这个调制解调器无法加载网页）。呼叫中心拥有许多重要的与客户关联的数据流，从账单、索赔裁定到中断通信。

随着电力公司从简单交付商品到面向服务的发展，它们将需要采用更复杂的方法来衡量电话呼叫的数量、持续时间、平均持续时间和解决率。目前，这些测量的定位是面向代理和效率的，但是随着越来越多的查询技术和社交媒体带来的影响，数据分析的关键是提供实时的指导，以提供更高的服务质量同时控制和降低流程费用。

呼叫中心数据分析与许多强大的数据分析模型一样，汇集了历史信息和实时信息，以支持决策分析和改进产品开发。例如，数据分析可以帮助电力公司预测客户不满意的根本原因，了解重复呼叫者的动态，并针对与收入有关的呼叫进行特殊处理。此外，可以开发分析模型，通过有针对性的训练工具帮助代理提升响应，甚至具体到每个代理。其中一些技术涉及将情绪分析整合到联络中心当中。例如，确定何时出现问题或客户投诉，这使电力公司有机会透明、快速地进行处理。

数据分析在提供更丰富、更满意的客户体验的同时，也有助于降低运营成本。如上所述，其根本原因是数据分析是一个关键的业务动机，降低运营成本，并且理解客户的“痛点”，甚至可以帮助指导代理什么时候偏向是最适当的反应，以及什么时候它会产生负面反应。事实上，每个客户的行动都可以被记录并快速分析，增加有效转变风险交互的机会，提高整体客户满意度评级。所有这些工具有一个共同的目的，在许多方面类似于运营分析的目标——从已知的信息中找到最合适、主动、高价值的行动。较好的决策结果可以衡量他们对积极的ROI的贡献，并使电力公司在面向服务的分布式企业中管理不可避免的日益上升的复杂性。

7.2.6 客户沟通

由于许多电力公司所在区域受限制纳税人的性质不同，客户流失并没有受到普遍的关注，在新兴市场和成熟市场中保持一个较低的流失率，约为9%。[52]然而，每块电表的收入下降面临下行压力，不断变化的电力公司的商业模式和

---

[52] Astrid Bohe、Joon Seong Lee、Jim Perkins和Jonathon Wright（2011），“赢得客户的激烈战斗”。

一种新的客户流失问题与有效的客户沟通这个前沿问题相关。世界各地的能源监管有如此多的变化，存在许多具体的原因，任何电力公司都可能希望改善电力通信。然而，有两个问题是推动现代化电力公司的关键：分布式发电和能源效率。这两个问题需要电力公司部门管理其影响的服务水平，其中包括对电网的物理和运营的影响，使发达国家的能源消耗下降（和更低的收入）；引入新技术以及使纳米发电和微发电的成本减少，让客户完全淘汰电网。在这些情况下，客户正在访问廉价的可再生能源，使电网成为备用的电力资源。

大数据分析正在改变我们获取洞察客户行为的能力，但在许多方面它也提高了难度级别。例如，电信技术过去常用来试图了解通话的时长，或者了解是打给谁的电话；目前这些技术关注于哪些应用程序是用来发短信、什么时候用 Skype 通话、Twitter 和 Facebook 如何被合并到通信中，以及它描述了什么样的一种生活。能源的出现最初常用于保持灯亮（KTLO）；现在对可靠性和质量的要求是极高的——每个设备都需要充电，当商业和工业实体断电时，代价会非常高。

电力的透明度目前已没有在它可信赖的年代那么透明。我们在机场为寻找电源插座而争执，便携式蓄电池被认为是必不可少的设备，客户对任何断电都非常缺少耐心。例如，关于 2013 年 6 月 2 日，@michaelsola 向他的 1 500 多名 Twitter 粉丝发表了关于巴尔的摩天然气和电力公司（BG&E）的推文：

> 嗨，BG&E，谁在有清澈的蓝天的星期天早上失去了 630 瓦电力？不要逼我启动发电机。#故障#停电

向 1 000 多人讨论备用发电机是一件非常酷的事情。也许是从 2013 年 2 月以来，电视发生断电成为全国的主要话题。美国路易斯安那州电力公司 Entergy 在橄榄球超级杯大赛直播时断电 30 分钟之后，遭到了严重的指责。思维敏捷的营销人员责备电力中断，其中包括 Oreo、Tide、奥迪、大众汽车等品牌，甚至连 Motel 6 连锁品牌也帮腔说，“明年的超级杯将在 Motel 6 进行直播，他们将开着灯。”[53] 突然之间，关于电力的话题被全社会讨论着，传播着关于继电

[53] Alex Kantrowitz（2013），“那个 Oreo Tweet 很酷，但实时营销是否值得炒作？”福布斯。

器开关设置的帖子、关于碳补偿的笑话以及对 Entergy 公司电网资产健康状况的猜测。

客户沟通也在电力公司中发生了改变。24 小时的在线停电地图和恢复估计，引起了大众对事故责任方的非常公开的争论，简单的安抚已经不能使精通数字的客户镇静下来。在新奥尔良，社交媒体对电力公司的调侃是非常尴尬的，并永远改变了客户沟通的格局。其实，新奥尔良自 2005 年发生“卡特里娜”飓风以来一直在努力。

数据如何改善沟通

目前，电力公司依赖于结构化的交易记录，例如，客户交互细节通常是关于低容量的和低预测价值的数据，这些交易记录最终影响负责改善客户沟通的分析师和数据科学家的建模工具。对于真实的预测价值，分析师需要访问非结构化的数据形式，包括社交数据、新闻和天气、家庭内智能设备以及内部信息，如实时交付的断电和恢复活动。

数据分析工具（包括网络数据提取、文本挖掘和可以检测情绪和声誉的社交媒体分析）经常用于更具竞争力的行业，如零售业和电信业。在电力行业，这些工具被用于识别关键的影响因素，激励电力公司进行及时、重要和有意义的回应。正是新兴的关于客户及其沟通需求的见解，将推动下一代客户服务的发展。

如前所述，电力公司正被迫从专注于电力商品交付的项目运营公司转移到面向服务的企业，这些企业是专门根据消费者如何使用它们的商品而定义的，这很像我们调整我们的手机服务以适合对移动服务的需求。这需要电力公司增加对客户行为、行动和市场动向的灵活性。高级的客户细分对这种灵活性也产生了重要作用，可以跨地理位置、性别、年龄和其他属性向客户发送正确的信息。最有效的客户沟通分析工具具备分析结果的能力，并能够适当地进行改进。

有效的客户沟通是与消费者建立信任关系的基础。下面的例子表明了在突发停电情况下进行快速沟通与客户建立逐步改进的策略的绝对必要性。此外，极端天气事件已经显示了参与策略的弱点，立法和监管部门也提出了在停电事件期间与客户进行沟通的具体要求。事实上，新泽西州公共事业委员会要求国家的电力公司进行事前的沟通、提供实时的停电地图，以及受严格准则约束的估计恢复时间。[54] 客户沟通分析是开发和实施综合性的客户沟通计划的关键，也是适当、及时、有效地提高客户的信任度和满意度的关键。

值得考虑的是，作为整体客户分析计划的一个组成部分，客户沟通对于行业而言也可能是重要、更加直截了当的方式。股东们表明，信息管理具有非常高的价值（Twitter 和 Facebook 的首次公开募股（IPO）是可证明的），因此，他们肯定期望电力公司学习如何通过信息资产货币化为客户盈利。这意味着电力公司要更有策略地思考如何提升客户价值，用沟通、能源产品和服务作为未来价值的对冲。

如何开始构建客户分析驱动的客户运营策略

- 确定关键客户服务计划；了解谁在做这项工作、如何完成工作以及为客户带来的利益。
- 设计客户分析模型，帮助你在细分层面识别你的客户。
- 衡量你的关键举措如何实现客户的目标。
- 尝试了解（或其能感知到的愿望）为什么你的客户所需的与你所提供的服务有偏差。
- 策略性地调整你的运营。
- 衡量和调整。

7.3 为了客户需要具备什么

自从智能电网实施全面启动以来，我们已经非常清楚，成功的关键是能源消费者在能源使用方面发挥着主动作用。乐观主义者会把这个学习过程视为客户的“进化”，但是有些悲观的人将会把赢得电力公司客户的信任的困难视为行业最大的困难。

在使用高级电表的情况下，客户参与的概念似乎是最有意义的，因为这些

[54] iFactor 咨询（2013），“电力公司必须吸引客户的 3 个重要的新的原因” 智能电网新闻。

电表提供的数据可以直接帮助客户节约电力。然而，客户参与原则也可以更广泛地应用于动态定价计划、需求响应，甚至适用于断电通信和恢复工作的配电自动化。无论如何，绝对明确的是，对于电力公司来说，建立客户的认可和信任需要适应快速变化的商业环境。显然，这种努力不是一劳永逸的。

在电网现代化的早期阶段，缺乏成功的客户参与不被电力公司和监管机构所理会，但这种不能充分参与的事情已经不能再被忽视了。电力客户的权利被剥夺的情况持续增长。关于智能电网，客户主要关注 3 个方面：第一，他们关心可能对健康造成负面影响的电磁辐射；第二，他们关心安全和隐私；第三，他们不理解智能电网的好处、安装付费或收费项目。这种抵触情绪可能产生深远的影响，并已经导致监管机构和电力公司采取违背统一智能电网目标的行动，包括调整技术方案，如专注于电力线载波（PLC）而不是无线电，电力公司需采取灵活的营销手段，并提供智能电表安装的推出功能。

在战略规划的各个方面忽略对消费者的直接关注将会造成非常大的财务风险。具体来说，继续把客户定位为专属的纳税人的电力公司，将会面临中介化的风险。这与消费者停止把钱存到银行并开始直接投资于资本市场大致相同。没有强大的客户关系，电力公司也将被抛弃，从而失去利用它们与客户间的直接关系来保护它们的核心业务并销售强化的服务。相反，像家庭安全提供商、有线电视公司和电信公司可以提供令人信服的一系列能源管理服务，其所提供的能源管理服务也将占上风。这些公司已经开始填补能源管理服务的空白。作为老牌企业，电力公司今天仍有优势，但它们必须迅速采取行动，深化其客户关系，避免浪费自己天然的领导地位。

7.3.1 提升账单的价值和面向客户的 Web 门户

影响未来客户行为的能力是要有效地吸引那些客户。对于任何企业来说，这不是一件容易的事，而且需要采用各种各样的举措，将品牌的承诺深深地传达给客户。提升纸质账单的功能是电力公司发现最早也是最为成功获取消费者关注的方式。账单的个性化依不同客户而定，可以直接使他们对能源管理问题采取积极的态度；也可以提供学习的机会和高效用电、节约用电的原因。纸质账单也是与客户沟通的主要渠道，可以将电力公司与每个客户联系起来，随着客户参与程度的加深，电力公司可以为学习、行动和适应提供新的机会。

位于美国萨克拉门多市的公用事业部（SMUD）是一开始就对纸质账单增强的影响进行全面可控研究（称为家庭能源报告（HER））的第一家电力公司。在2008 年开始的 Opower HER 计划为期 3 年的试点中，有 35 000 个住宅客户收到了消费信息的报告，这导致每年平均节省用电 2.9%，并保持上升的趋势。[55]该报告包括 3 种信息：（1）客户的用电量与其历史用电量相比较如何；（2）基于客户的家庭信息提示如何节约用电；（3）与具有相似特征家庭的邻居相比如何进行节约用电的规范性描述。

从这项研究中发现，特别是规范性的行为描述（对等比较）的影响，已经导致了新的方法出现。其中的一些新功能包括使用数据分析模型的定制 Web 门户，例如，基于随机调查问卷表结果给出的动态提示，向智能电表中增加一些新的信息，如天气数据、基于物理学的建筑模型，以及其他显著的信息，如客户希望保持他或她的舒适感，或最大限度地节省成本的需求。在关于这个话题的白皮书中，行业观察家鲍勃 · 洛克哈特（Bob Lockhart）指出：

通过和客户开展之前所没有的对话以进行有效的客户参与为电力公司创造了新的机会。一旦客户和电力公司“有话要说”，那么就有一个渠道来宣传（新）的举措……与任何其他形式的参与一样，纸质账单上的信息应该是对客户有意义的：为什么无纸化账单对他们（或环境）有好处；通过动态费率计划他们年度可以节省多少电费；使用电力公司的门户网站后的生活将是多么容易。[56]

目前，全球几家供应商已经向数以百万计的家庭提供了 HER 产品，并被广泛宣传为希望与客户建立新的、更积极的关系的电力公司革命性的一步。使用行为科学和有针对性的消息传递，HER 产品的供应商正在报告增加的客户满意度、其他电力公司计划的更高参与率、越来越多的动态价格的接受度，以及越来越多的寻求其他节能方法的倾向，如家用终端显示（IHD）。此外，这一成功正在为提高其他智能电网需求的有效性提供新的方法，例如近乎实时的需求响应。这些努力是可能的，因为供应商越来越多地使用高级的数据分析平台，它们能够利用各种大数据源，如天气统计、智能电表消耗数据、家庭实时数据（例如服务状态和负荷控制数据）以及其他不同的数据，包括结构化和非结构化数

---

[55] Kevin Cooney（2011）。《评估报告：Opower SMUD 试点第 2 年》，Navigant Consulting。

[56] B. Lockhart（2013 年）。《有效的客户参与：电力公司必须讲客户的语言》，Opower。

据。然而，聚合起来的数据非常庞大，要求分析模型不仅能执行高级的反馈和需求响应程序，还要让这些计划变得非常吻合和有效。

7.3.2 家庭能源管理

HER 的成功对电力公司来说已经成为一种安慰，电力公司早期经常（尽管并不总是）匆匆使用新成果的技术项目，这导致代价高的试点和早期的失策出现。已经成功实施后，许多具有 IHD 的家庭能源管理系统（HEMS）项目根本不是促进客户响应的有效方式，并且它成为了一个行业笑话，使用“到厨房的抽屉的平均时间”（MTKD）来衡量这些设备的价值。当显示器电池耗尽或可能是太难看了，为了保持其在厨房柜台的形状，MTKD 评估客户把显示器放到杂物抽屉里所花的时间长度。然而，尽管早期出现了困难，HEMS 还是开始逐渐流行（虽然不是首字母缩略词），并且它们现在更加吸引人而又被共同称为“互联家庭”。

“互联家庭”是电力公司的强大杠杆，必须更有效地运作，提供效率和保护机会，并且比之前要更多地依赖于最终使用负荷的管理。诸如苹果式恒温器等具有强大的机载自适应分析功能和合理的价格，这些设备越来越有吸引力，因为这些智能的东西已经开始进入假日礼物指南“打折品清单”中。[57] 似乎电力公司严重错失了搭上 IHD 的“船”，但“互联家庭”带来的利润与日俱增。举例来说，电力公司不必再提供和管理特殊编程的硬件，例如能够从电力公司接受反馈指令的无线恒温器，与之相反，新一代互联设备允许客户从广泛的选项中进行选择。电力公司仅在高峰时段为节省的每千瓦时提供折扣或票据信用。谁如何管理这些恒温器或如何实现节约目标，电力公司对此并不感兴趣，因为这些设备只是向服务提供商发出信号，然后为客户管理能源，同时智能电表的不断发展，提供了准确的测量和参与验证。

尽管电力公司仍有优势，但这个新兴市场似乎掩饰了一种理念：电力公司将被这些服务所控制。事实上，通过更普遍的宽带连接为信息选择路由的想法是第三方服务提供商急于进入市场而产生的结果。对于有实力的电力公司来说，

[57] 凯瑟琳 · 特威德（2013），“2013 年家庭能源的 7 个趋势及对 2014 年意味着什么”，绿色媒体。

已经在打破功能和数据孤岛方面取得进展，这可能不是件坏事。这些电力公司已经开始致力于开放账单和其他后端系统，以便更轻松地在整个企业中进行集成。“互联家庭”就像HEMS网络一样，其艰难起步的发展轨迹是一种早期的指示，这表明电力服务市场即将被打开，并且越来越能够吸引新的市场加入者。事实上，电力公司开始明白，它们可以通过关注舒适性和便利性来实现客户的目标而不是仅关注能源管理：更好的电器、照明控制和自动窗帘这些都可以提升用电效率。电力公司要能够适应它们的新角色无论是作为服务提供商或合作伙伴，能够从与管理和自己安装硬件相关的较低成本中获益，以及从重新关注其客户卓越的运营中获益。

7.3.3 战略价值

以客户为中心的数据分析可以帮助电力公司解决战略性挑战。不幸的是，电力公司在完成客户参与这项任务上一直发展很慢，目标经常是高远且很模糊的。然而，一个真正全面的数据分析平台能够使电力公司了解如何完成这项任务，以及满足管制、客户变迁和其他转变的动态力量，同时允许对这些因素进行战术方向的修正。数据分析能够传达出以下几点洞察力来实现成功的客户参与。

- 通过信息计划和“互联家庭”来增加和保持节能的途径；
- 对电力公司市场营销活动的较高响应率，如家电返利、家电回收、家庭查访、供热通风及空气调节（HVAC）、折扣、防寒保暖和需求回应；
- 在电表需求侧有更高效率的每日用电高峰节约；
- 增加的客户服务和满意度指标。

一个全面的数据分析平台包含电力公司和第三方来源的数据。这些数据包括电力公司运营特有的数据，例如电表数据值、计划参与信息以及天气和人口统计数据。数据分析不仅提高了以客户为中心的运营和参与度的有效性，而且还可以提供必要的测量，以动态调整随着时间的推移伴随客户参与度发展的系统和服务。

如何使用数据分析吸引客户

- 如果客户参与、投资和积极地与你的品牌保持关系，就要确定并了解这些客户对你的业务价值。
- 与客户参与的愿景一致，包括如何使一种真正的关系成为企业战略。
- 创建一个统一的方法，消除文化分歧，可以将电力公司的参与目标转化为各种策略，包括营销、沟通、计划管理和产品管理，以及有权做出决策和协调其他策略。
- 确定关键绩效指标（KPI）。
- 努力使内部和外部数据管理的信息策略与参与指标的服务策略相一致。
- 尝试用技术和数据源逐步制定方法。
- 衡量方案。
- 调整模型和方法。

CHAPTER 8

第8章

网络安全分析

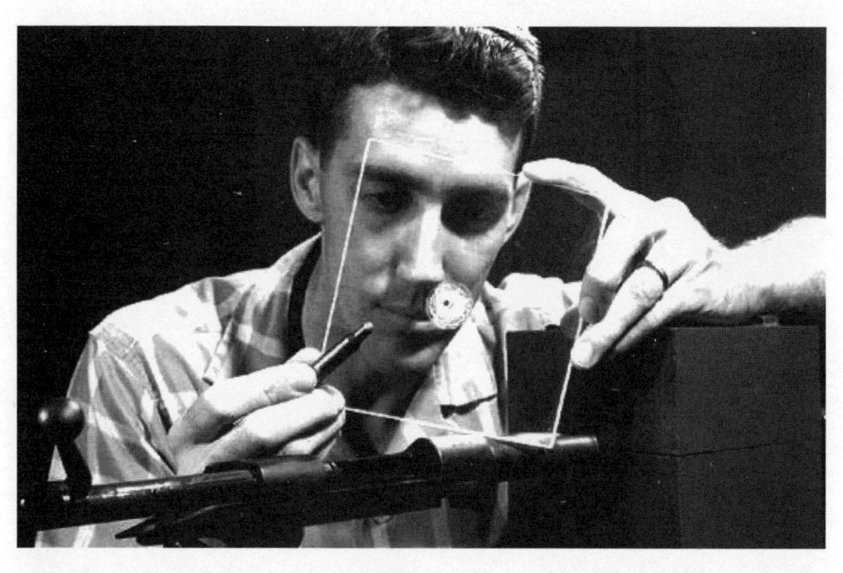

科学家分析了美国航空航天局兰利研究中心的一台 .22 口径枪械的冲击试验结果
（资料来源：NASA[58]）

8.1 章节目标

网络安全是为保护电力公司关键基础设施面向电力系统内日益增长的核心网络资产的一个主要挑战。本章将探讨针对电力公司的漏洞、威胁和应对网络

[58] 图像从公共领域检索。

战的分析方法，特别是在智能电网和驱动现代化电网的数字网络背景下。还讨论了电力公司的传统网络安全策略在应对更高级别的威胁方面即将面临的失败，以及为什么一个安全分析计划可能是可以主动和经济有效地控制来自该领域、企业甚至是实物产业威胁的最佳选择。

8.2 电力行业的网络安全

电力公司对于网络安全和网络“恐怖主义”的理解非常模糊。文化和体制的恐惧范围从“数字珍珠港”到“黑客主义”、隐私侵权和如 Stuxnet 般的破坏。任何负责关键基础设施保护（CIP）的人都在研究并试图防止出现安全漏洞。然而，尽管流行的媒体描述了拿着螺栓刀吃奶酪泡芙、喝红牛饮料的解放者的形象，但是潜在的攻击者可能是新生的脚本小孩、报复者、有组织的罪犯或国家资助的网络“战士”。

除了这些威胁因素，估计多达 80% 的信息技术漏洞是由企业内部的人造成或辅助造成的。无论他们是否愿意（通过社会工程学）、是否有恶意，安全漏洞通常是由企业内的人员制造的弱点所导致的。[59] 这并不意味着外部的网络攻击被夸大了。事实上，针对性的高级持续威胁（APT）可能通过电网安全漏洞对生命和财产造成最大损害。这意味着，使用评估工具和管理风险必须考虑所有攻击的媒介，包括来自现场、企业网络和实体工厂。

8.2.1 对关键基础设施的威胁

在过去 10 年中，世界上多个安全系统遭到破坏，包括美国国家航空航天局（NASA）、太空和海军作战系统司令部（SPAWAR）、联邦航空管理局（FAA）、美国空军部队（USAF）和白宫。显然，电力公司永远不会免于网络、物理或混合攻击。2012 年 8 月，美国阿肯色州的一座电力塔被拆除，仅仅几个星期之后，一座变电站被焚毁，并且在控制板中刻着一条消息：“美国，你应该预想得到”。[60]

---

[59] Barry R. Greene 先生，首席信息官，G-6 总部，纽约警卫队，在华盛顿特区举行的 GovSec 2013 会议期间提出，“关键基础设施保护：内部的敌人”。

[60] Rod Kuckro（2013），“FBI 的调查方舟 . 电网攻击”，Utility Dive。

而在2009年左右，旨在通过破坏离心机来破坏伊朗铀浓缩计划的"数字蠕虫"(Stuxnet)，最终展示了世界上第一个广为人知的网络武器的破坏力量。2012年，根据美国国土安全部网络应急小组（CERT）的数据，美国大部分的报告称，与关键基础设施相关的网络事件影响了能源部门。随着电网的易受攻击点的数量呈指数级增长，这个问题只会变得更糟。[61]

日益激化问题的性质非常简单：由于电能几乎瞬间产生和消耗，系统运营商必须不断平衡电力的产生和消耗。智能电网组件的分布需要数字双向通信基础设施来实现这一目标。电网中这种基础设施的某一组件的破坏都可能会产生重大影响。如图8.1所示，智能电网向网络运营的电力基础设施增加了技术层(如数据传输和命令响应应用)。随着计算机、软件、网络和企业对智能设备使用量的增加，网络威胁的风险（无论是故意的还是无意的）已经大大增加。

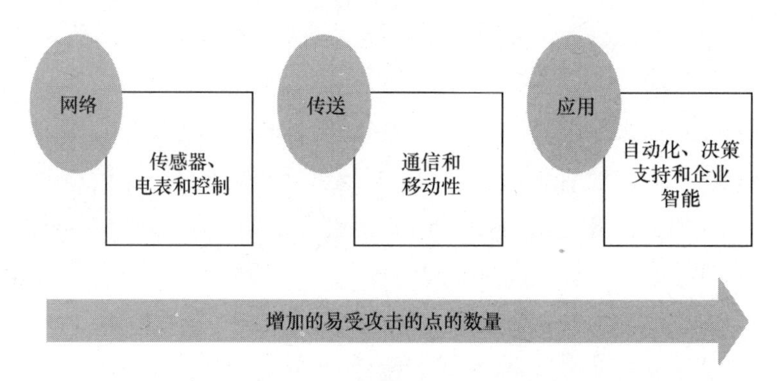

图8.1　系统漏洞随着复杂层次的扩展而增加

不足为奇的是，美国政府审计局（GAO）在2012年的国会证词中表示，"在2009—2011年期间，针对美国计算机和网络的恶意网络活动增加了3倍"。GAO表示："所有涉及复杂的威胁行为的现场事件响应的服务人员都成功地采取了折中办法并获得使用商业网络的机会。"[62]

8.2.2　智能电网是如何增加风险的

据估计，仅在美国，到21世纪第一个十年的中期，电网中将会有4.4亿多

---

[61] 国土安全部（2013年6月），"面向互联网的工业控制系统事件响应活动"，ICS-CERT监测。

[62] Gregory Wilshusen和David Trimble(2012)，"保护现代化电网的挑战"，GAO在先于众议院能源、商业委员会监督和调查小组委员会的证词，能源和商业委员会，众议院。

个易受攻击的点。[63] 这个近似值的得出涉及智能电表、路由器、智能建筑和家庭设备，以及变电站和配电自动化组件。随着智能电网的到来，整个能源传递过程从发电到消费被数字化了。简单地说，如果电网上的任何组件可以互相通信，那么它就可以被利用和控制。

智能电网最初是监控和数据采集（SCADA）系统的“大杂烩”，它们以分布的方式运行，并与数字控制骨干网结合在一起，如今通过集中操作进行管理。处于最佳状态时，它是一个系统、先进设备和工业控制系统协调良好的网络。在任何一种情况下，电网有许多数字触点，从而导致智能电网的弱点和漏洞。这些弱点和漏洞的威胁范围是很难识别的。正如北美电力可靠性委员会（NERC）首席执行官迈克尔 · 阿桑特（Michael Assante）在 2009 年给行业利益相关者的一份备忘录中指出的：“为了网络安全，在确定需要什么被保护方面，我们必须认识到同时发生资产损失以及规模上常见的模式失败的可能性，这就是为什么保护计划需要在健全的运营和规划网络安全分析之上有额外的新的思考。”[64]

为了帮助解决这个问题，工程师、网络安全专家、联邦安全专家和电力公司利益相关者进行仿真，以应对计算机病毒的攻击、变压器和变电站的爆炸以及电力线路的损坏。在 2013 年底，NERC 举办了一个名为“GridEx II”的演习，模拟了人类生命的丧失，阻断服务的攻击以及在电力公司、当地执法机构和网络安全控制中心之间进行协调通信的演习。[65]“GridEx II”是由其支持者进行的一个必要的消防演习，被一些行业观察家标榜为学术兴趣的演习，这暗示在解决当前的威胁方面这样的实践很少。也许唯一明确的点是，解决系统中最关键的漏洞需要具体的步骤和投资，并坦然面对这些已经被大量研究、媒体曝光和政府评估验证了的威胁存在的现实。

8.2.3 智能电网是阻止黑夜灾祸的机会

对电网基础设施的网络攻击造成的后果包括潜在的巨大范围和大规模的断

[63] Darlene Storm（2010），“4.4 亿新兴黑客智能电网点”博客，Computerworld。

[64] Michael Assante（2009），“关键网络资产识别”，NERC。

[65] Matthew L. Wald（2013），“攻击掠夺电网（只是一个测试）。”NYTimes.com。

电，它可能会使电网毁坏。这是一个现实，美国网际网络影响部门研究总监乔尔·戈德斯（Joel Gordes）对此描述“我们是毫无准备的”。[66] 以下是电网网络攻击的高级场景。

1. 对关键的电力基础设施部件重新编程，导致主要的电力传输中断。

2. 盗用敏感的数字信息，用于后续加载更加协调的攻击。

3. 使用黑客与物理攻击（如火灾或爆炸）相结合的混合威胁。

由于节点数量众多且它们大多在外部设备（如在人们的家里、企业或地下室），随之物理访问变得容易，智能电表已经引起了人们的关注，只要稍有技能就能够攻击它们。一些智能电表采用光端口，允许电力公司技术人员在现场诊断问题，而无须拆卸电表。这些相同的端口可通过使用光学转换器和来自互联网的可下载软件重置电表，以改变消费读数。这种插件——甚至简单地使用磁铁在用电高峰期来干扰记录，从而将客户的账单减少高达 75%。有一宗案件报告称，一个地区的智能电表中有超过 10% 的电表被篡改，如果这种情况得不到充分解决，那么电力公司每年将继续耗费 4 亿多美元。在这种情况下，美国联邦调查局（FBI）审查了这一欺诈行为，并得出结论，电表制造商的前雇员和电力公司人员被指责，他们收取了几百美元，用于改变住宅用电表和数千台商业设备。[67]

电表内数据的安全性也是一个问题。在英国，这是能源与气候变化部原本 2013 年首次推出决定却推迟达一年以上的原因之一。使他们忧虑的一部分原因是，电表攻击不仅可以用于减少消费值；也可以用于为了个人报复而人为地增加电表值或价格。在英国决定推迟推出这一决定中，也确定了通过智能电表网络入侵全国电网的更为严重的问题。承认电表网络是一个战略弱点，政府和电力公司很清楚，尽管数字电表的成本低廉，但需要大量投资才能使设备和系统更加安全。这包括防御硬件入侵和通过电表数据传输的移动通信网络。[68]

表 8.1 描述了电网环境中的几种常见漏洞。虽然表中仅列举了几种方法，但实际上有几百个这样的漏洞和许多框架可以从 Web 轻松下载，以帮助新手尝试

---

[66] Patrick Kiger（2013），“美国停电：电网的四大现实威胁”博客，国家地理：大能源挑战。

[67] 布莱恩·克雷布斯（Brian Krebs）（2012 年），“联邦调查局：智能电表黑客可能蔓延”，Krebs on Security。

这些攻击。仅在书的一个章节不可能完全能够讨论微妙和复杂的网络安全问题，但是重要的是要开始了解电网在安全方面面临的挑战，并为在发展有效的倡议和计划方面提出正确的问题提供一个基础。许多漏洞利用了巧妙和晦涩的名称，它们的完整描述超出了范围。然而，电力公司可以通过非常全面的课程、书籍、专家和其他资源进一步获得知识来定义和实施防御方法。系统管理、网络和安全研究所（SANS），一个值得信赖的合作研究和教育机构，是建立关于信息安全原则基础知识的好地方。

表 8.1 电力公司系统示例的常见漏洞描述

电力系统	功能举例	可能存在的漏洞
通信	数据传输，如通过电力线宽带（BPL）、蜂窝网、无线和卫星网络	窃取信道信息、中间人攻击、数据修改、互联网协议（IP）欺骗
高级组件	智能交换机、存储设备、智能设备、变压器	路由攻击、拒绝服务器攻击、节点覆盖、信息受损
自动化控制系统	监测和控制系统，如电压调节阀和变电站以及配电设备	僵尸网络、零日漏洞、控制器修改、网络钓鱼攻击
感知和测量	智能电表和相量测量单元（PMU）	驾驶攻击、节点捕获、路由攻击、节点覆盖
决策支持	管理电力系统的运营应用	结构化查询语言、（SQL）注入、缓存溢出、跨站脚本攻击、跨站请求伪造
面向客户的系统	基于 Web 系统提供客户账户的访问权限	SQL 注入、跨站脚本攻击、拒绝服务器攻击、模拟攻击

8.3 大数据网络安全分析的作用

即使电力公司正在使用大数据分析来获取各种信息和操作功能，还是没有很好地实现分析对网络安全的作用。大数据可能是将行业从对网络安全的被动状态转移到允许做出可信任的预测和战略状态的杠杆。

作为大数据分析方法的一部分，网络安全分析仅是创建深度网络防御的一部分。想象一下，你心爱的祖母独自住在城市的一间公寓里，但是正如你所要

[68] Zoe Kleinman（2013），“专家说，智能电表必须解决非法侵入问题。”BBC News。

求的那样，为了安全起见她非常小心地锁了门。然而，公寓大楼的前门从来不会上锁，装卸台没有监控，而且消防通道的窗口无人值守。当然，这对于你所爱的人的个人安全来说并不是一个全面的战略——我们都希望这不算是一个战略。建立网络安全专家所称的“深度防御”是我们期望的：封锁建筑物、雇用门卫、在装卸台上安装摄像头，制订有助于居民共同合作、相互受益的政策。同样的原则也适用于保护电网：身份验证、授权、加密、检测策略违规、记录事件和审核数据。网络安全分析是建立所需“深度防御”的关键部分，用于维护受保护和有弹性的电网能力。

关键的系统最好从一开始就通过安全设计受到保护；这是迄今为止进行全面风险管理的最佳方法。然而，在发生数字锁定和传统设备升级的情况下，加强电网安全架构以提供最安全的操作至关重要。一个计划由各种被动行动构成以处理一些被发现的漏洞是对电力公司在保护公民社会中的作用的否定；当网络战不可避免地达到武装攻击的水平时，它也是完全不能胜任的。

8.3.1 预测和保护

将网络安全分析纳入组合中引导电力公司从严重的脆弱状况中解脱出来，并解决整个电网的安全需求问题。网络安全分析模型可以发挥以下几个作用，使数字电网得到整体保护和恢复。

1. 搜集情报。
2. 确定工业控制系统的弱点和漏洞。
3. 量化确定的威胁的程度和特征。
4. 确定实时事件。
5. 预测和预防未来事件。

网络安全分析有可能成为传统安全模式的一个阶梯式改进，主要是大型被动防御系统，并且也是“堡垒”，因为它们很像沙滩上的沙堡。当前的保护主要集中在检测上，但是最终是针对那些自己不断地进行廉价开发的持续攻击者的。为了寻找更具战略性和可持续性的方法，大数据智能力求产生预测结果，使电力公司的网络安全分析师不仅仅能够对攻击做出响应，他们实际上还可以迅速阻止这些攻击。主动式网络安全的一种方法是有效且高效地识别代表威胁的攻击模式。大数据分析凭借其分析大量数据来驱动可操作的洞察力的能力，特别适用于检测电网上的异常行为。

电力公司中成功的网络安全计划将提供跨电网和企业内部的全面情境意识，提供对收集信息适当语境化的能力，并使设施能够快速应对和遏制新出现的威胁。但是，必须指出的是使这样一个战略变得具体化的最大障碍是政治、企业或文化；智能电网设备中缺少安全特性。例如，市面上有不包含记录事件等基本安全功能的智能电表。[69] 没有记录，几乎不可能检测和分析攻击，更不用说防止威胁再发生了。不足为奇的是，当工业控制系统网络应急响应小组（ICS-CERT）在 2012 年部署了几个单元（其中一半在能源部门）提供事件响应取证时，他们发现，在许多情况下因为记录有限或不存在，以及缺乏来自网络的其他电子取证的数据，情境的结论性分析是不可能的。[70]

大数据分析平台将安全智能与强大的处理能力相结合。平台的目标是提供可重复的模式检测算法，包括结构化和非结构化数据源、电子取证、存储技术和企业集成功能，以识别内部和外部威胁。与所有高级分析解决方案一样，这些平台将允许电力公司回答以前从未被询问过的问题。如图 8.2 所示，一个提供闭环连续学习的集成解决方案，可以提供以前在电力公司的安全程序中不可用的情境智能，无论是针对信息问题还是操作问题。

图 8.2　从收集到响应的情境智能

网络安全的大数据方法提供了各种功能，包括：

1. 通过识别不同数据之间的相关性来检测异常的能力；

2. 实时查询能力；

3. 可视化和探索性工具；

4. 有助于改进检测算法的事后取证。

要在实践中成功实现这些功能，需要解决一个特殊的技术挑战：缺乏从中可以推断危险情况的已知的基准线。为了解决这个问题，电力公司必须能够分析几个月的网络流量、设备信息和参数、通信特征和用户行为，以了解构成系

---

[69] Wilshusen [62]。

[70] 国土安全部 [61]。

统的设备和人员联系。这对于识别网络上的更随机或更罕见的活动尤其重要，它可能以大量、高速的数据流量存在，就像在许多电网的命令和控制系统中发现的情形一样。

8.3.2 网络安全应用

其他行业，特别是大型金融系统，从其初始部署的成本角度来讲是有指导意义和低风险性的。持续监测是一个在处理运行系统方面特别高效和有效的过程。从传统的审计流程出发，持续的监控系统是识别问题或弱点的关键部分。马克 · 尼格里尼（Mark Nigrini）在其*Forensic Analytics: Methods and Techniques Accounting Investigations*（电子取证分析：电子取证会计调查方法和技术）一书中着重探讨交易系统中的异常情况，然而他的两种方法对于电力公司系统也是有用的。

首先，他描述了并行扫描的方法，在一段时间内使用描述性分析，并将信息与前一时期的数据进行比较，较大的差异表示异常的信号。这可以在几分钟内完成，并且可以表明系统正在经历的外部情况。其次，风险评分可以用作预测方法，根据预定的特征分配风险值。高分可以帮助电力公司确定方向并优先考虑需要高度重视的设备或操作领域。[71]

大数据网络安全应用程序必须能够在微秒级延迟内管理和处理来自传统和非传统数据源的每秒数以百万计的事件。它们也必须能够平衡多个输出，包括：

1. 报告；
2. 可视化与探索；
3. 预测分析；
4. 内容分析；
5. 能源行业——特定的应用程序。

这些平台支持对数据的连续摄取和分析，通过使用定时轮询和数据源流，对底层基础架构的影响尽可能小。规模是一个挑战，一些解决方案将融合数据元素，以提高通信网络的效率并降低延迟。

[71] Mark Nigrini（2011 年 6 月），电子取证分析：电子取证会计调查方法与技术，John Wiley&Sons Inc.、Hoboken、New Jersey。

8.3.3 主动方法

威胁的范围正在开始驱动创新，从而积极和更直接地阻止攻击者的行动。CrowdStrike 公司的联合创始人兼首席技术官（CTO）Dmitri Alperovitch 创造了这种被称为“主动防御”或“积极响应”的方法。Alperovitch 指出，目前的被动安全模式将不断提高成本，但有效性不会提高。为了扭转局面，“主动防御”试图增加与黑客活动相关的成本和风险。“主动防御”并不侧重于每次易变的离散攻击的特征，而是侧重于确定攻击的任务和入侵者采用的谍报技术。

一旦攻击的任务被理解，“被动防御”策略会根据欺骗、遏制、捆绑资源和造成混乱的情形不断加强，增加攻击者的成本，并允许维权者隔离攻击和继续收集更多的情报。[72] 收集的关于独特的攻击者的信息像指纹一样，可以提供很多服务，允许与其他电力公司和政府机构联合起诉威胁行为者。这种方法使网络安全的努力成果进一步放大，以专门识别和预测基于攻击向量的模式，利用特征最大化电力公司防御模型的前瞻性立场。

8.3.4 协调网络安全的全球行动

扩大对网络安全威胁的认识引起了监管机构和政府的关注，它们力图在电力公司内部制订合适的法律和标准。网络安全行业标准在北美地区最多，特别是美国、加拿大和墨西哥的部分地区；虽然这是一个全球关注的问题，但是由于缺乏决心使部分地区的智能电网部署进一步放缓。有几个举措正在推进网络安全，但制订综合计划最重要的第一步不仅是要了解，还要参与和遵守 NERC CIP 标准。

NERC 是电力部门的 CIP 协调员，该公司在标准制订、合规执法以及提供广泛的技术材料和主题专长方面投入巨资。NERC CIP 标准是解决电网安全性和可靠性的唯一强制性网络安全标准。这 9 条标准主要包括事件报告的授权、授权协议、最低安全管理控制和灾难恢复的任务等。无可否认的是，NERC CIP 的努力降低了风险并改善了北美大批电力系统的安全状况。然而，同样无可否认的是，它不可能解决每一个安全风险，这正是为什么预测性网络安全分析的

---

[72] Dmitri Alperovitch（n.d.），“什么是主动防御”？

机会可能对更高级的安全控制具有更加深远的价值。

网络安全协作方法正在实行，并且对网络安全对 CIP 产生的非常复杂的问题有所侧重。国家标准与技术研究院（NIST）和爱迪生电气研究所（EEI）都致力于改善对电网威胁和漏洞的响应。因此，NIST 成立了全国网络安全卓越中心（NCCoE），汇集研究人员、用户和供应商来进行有针对性的测试，以提高网络安全成果。专注于提供可靠电力的任务，EEI 制定了原则，并提供了 CIP 领域的清晰度。在全球发展立法中，还有其他一些公用和专用的合作伙伴关系，旨在加强电力部门的网络安全态势。信息共享将仅提高开发更有效做法和方法的能力，以保护电网资产免受各种攻击。

合作在各利益相关者中非常重要，因为能够极大地提高网络安全分析效率的方法就是电力公司间共享信息。尽管电力公司朝这个方向前进了几步，但目前仍缺乏有效的机制来披露漏洞、威胁、最佳实践和实际事件。这可能是由于自然地避免了对电力公司的公开攻击，但为制止明智的纠正措施、未来防御和最大化网络安全投资带来了负面影响。然而它正在取得进展。2013 年，美国众议院通过了《国家网络安全和关键基础设施保护法》（NCCIP Act），旨在促进电力公司各关键基础设施部门实时共享威胁信息。[73]

在全球层面上，这种急需的合作也开始成型。2013 年，在八国集团首脑会议上，美国总统奥巴马和俄罗斯总统弗拉基米尔 · 普京宣布了最终协议，介绍了网络领域的措施，包括信息交换和危机通信。中美两国也通过建立一个网络安全问题工作组取得了进展——考虑到当今相互指责的网络战争，这已经向前迈进了一大步。这两项协议都为产生联合国开创性的报告提供了增援，提出了国际合作措施、建立信任措施，为保护关键 ICT 基础设施不断改进。[74]

8.3.5 风险变化的格局

绝对的网络安全不是一个可以达到的目标，而且电网永远不会是镀金的，这是一个众所周知的道理，也是一个事实，尽管电网的关键性质，网络安全必须始终务实，通过把对感知风险的评估和安全的成本相结合来实现。电力公司

[73] Jones，S.（2014），通过《国家网络安全和关键基础设施保护法案》，事件通信解决方案。

[74] Detlev Wolter（2013），“联合国向网络安全迈进了一大步”，军备控制协会。

必须充分考虑到失去各种电网功能的风险；这种损失的影响，以及如何保护、检测和对各种网络攻击做出响应。然而，电力公司利益相关者还必须了解，跨领域网络中网络威胁的迹象甚至意味着多个资产可以同时被远程攻击。与智能电网之前的可靠性风险不同，在运行假设和规划工作中可以考虑到这些风险，因为它们在很大程度上是概率性故障，智能电网的数字通信性质在风险分析中需要广泛的视角和一种转变。

传统的关于风险的观点是一个简单的代数方程，将发生的概率与影响的度量相乘。为了做出与网络安全风险相关的更明智的决定，联邦调查局（FBI）建议对这一方程进行扩展，如下。

风险 = 威胁 × 漏洞 × 结果[75]

根据FBI的说法，方程中每一个因素都至关重要，因为它使企业超越了对威胁载体和行动者的严格关注。像FBI专家指出的那样，当需要一个战略观点时，风险模型是非常有用的，它有助于通过将方程式中的任何一个变量置零来定义目标，这样可以减少风险。

许多人已经注意到，这个方程式的文字解释完全是谬论；尽管它与理解事件发生的概率有关，但它不能表示绝对风险，因为变量不能带度量单位。目前，不要尝试去填充一个庞大的、充斥着确定威胁等级输出的资产的电子表格来帮助你设计一个网络安全计划。这将与“紫色”×“肉类温度计”×“灯”（严重夸大事实）计算风险的作用一样。风险分析的这一特征可能是有助于决策的管理工具，但是在制订防御性战略时很快就变得荒谬。

网络安全分析方法为电力公司提供真正的预测价值，非常像复杂系统的模型。通过将网络视为关系系统，我们可以理解，智能电网中的耦合更类似于人类大脑，因此，不太适合线性分析。复杂系统理论表明，系统内的这些关系如何产生一种集体行为的形式在许多方面都是由它与其环境的关系所决定的。在攻击条件下对电网的行为进行预测是我们需要理解的，以便从被动状态转移到主动状态。正如诺贝尔奖得主——经济学家和哲学家弗雷德里希·哈耶克（Friedrich Hayek）所观察到的那样，复杂的系统行为最好通过建模和对其模式的理解来预测而不是精确的预测。大数据网络安全分析可以提供这些。

---

[75] Ben Bain（2010），“FBI概述了网络风险的3个组成部分”。FCW。

在电力公司中建立大数据网络安全分析的关键注意事项

- 识别信息安全问题并评估大数据分析的作用。
- 寻求解决网络准备不足的问题，包括专业人员、管理和信息技术。
- 努力从防御性、被动状态转移到考虑智能电网非线性特征的主动系统。
- 除了所需大数据分析和工作流程之外，考虑收集、存储和处理的角色。
- 实现电力公司与其他实体（包括其他电力公司和网络安全实体）的数据和信息共享。
- 创建一个小规模的试点机会，以证明大数据分析在网络安全中的价值。
- 开发支持业务和操作漏洞以及威胁检测的用例。

第三部分

实施持续变化的数据分析程序

CHAPTER 9

第9章

寻源数据

这架 B-5713 飞机的设计是为了收集来自安装在其机翼上实验的辐射
（资料来源：NASA[76]）

9.1 章节目标

为了成功地将大数据分析程序引入电力公司，要对可用和所需数据源进行

[76] 图像从公共领域检索。

深入了解，包括预测该数据的商务价值。从运营角度和业务角度来看，本章讨论了各种数据源的特性如何为电力公司优化带来价值。还对数据融合、隐私的影响以及电力公司之间的合作价值进行了评估。我们将介绍电网上提供情境智能的设备、聚合数据如何推动新见解，以及用于创建这些聚合数据融合模型的复杂性。

9.2 了解寻源数据

马克吐温曾经这样说过：“成功的秘诀就是行动起来。”那么我们在电力公司中分析大数据项目时，要从哪里开始呢？通常情况下，当电力公司受到信息流失攻击的时候，所有电力公司的利益相关者都会问：“我们要把这些数据放在哪里？”事实上，大多数参与电力公司早期项目的咨询顾问都将从存储库开始——具体来说，就是获取和组织数据。这是合理的；毕竟，我们也不总是知道各种形式数据的价值，即使这些数据一直存在于系统中，我们也不知道数据能够带来的所有问题和答案的范围（或可能会在以后实现，无疑这是公平的）。事实上，与预期如何分析数据的典型的数据仓库项目不同，在准备进行具体分析时将信息分类，大型数据项目最适用于存储大量数据，在那里许多分析应用能够以多种方式轻易获取信息。

即使需要大量的基础架构和工具，大数据分析也是企业挑战的核心，而不是技术问题。最初就关注数据管理问题是为时过早的并将导致严重的失误。主要针对技术问题“获取数据”而不是通过使用数据分析解决问题和寻找新的机会，否则会使事情变得混乱。大海捞针是没有意义的，意思是如果只是因为可能以后要用，那么没必要总是收集大量的数据，即“囤积”，这是一种因不了解问题的领域而感到恐惧的反应。即使随着硬件成本的快速下降和新的大数据系统的低成本的可扩展性（由于开源企业家），操作、应用程序开发和熟练管理的费用也并没有被大大提高。大数据分析的一个不可忽略的事实是，处理、查询、管理和尝试从陈旧的数据中提取价值的成本可能正在放缓。

我们面临的挑战是不要开始就在数据库中隐藏数据，而是要从海量流动的数据中了解和提炼有用的内容，并尽可能将其余部分最小化。因此，每个企业都必须确定从原始数据中可以提取内容，企业应该尝试了解数据的未来价值，从而形成一个合理的架构。从技术的角度来看工具和技术正在快速发展，并在很大程度上满足了大数据分析的需求，但从企业的目标出发，我们必须仔细研究如何最好地利用大数据创造的机遇。一个好的起点是让企业共同探寻：“在企业内部有哪种问题是我们认为可以通过数据帮助我们解决的？”接着是“我们有可以帮助解决这些问题的数据吗？”“我们如何获取我们需要的数据？”以及“我们需要多久才能实现目标？”

为了回答这些问题，电力公司必须对其资产进行评估，以了解其拥有的具体资产、可能性以及需要哪些附加数据来产生必要的利益，并最终创建来自跨领域的快速和可接受的 ROI。确定哪些数据满足要求更加困难，在现有电网的商业价值和企业数据被理解之前是不可能的。

在第 3 章中，我们研究了在电力公司中使用的电网数据类型的功能特征（表 3.1）。总的来说，这些数据类型包括遥测、示波、消费、异步事件消息和元数据。此外，必须对客户、企业、历史和第三方数据加以考虑。然而，这些数据类的业务价值随电力公司的使用方式不同而改变。通过数据分析，单一的数据类型也可能具有价值，但是当与其他类型的数据组合并分析时，它可以支持许多其他令人惊讶的业务需求。了解底层数据是后续将架构和技术决策与解决高价值的现在和未来业务需求相结合的关键。

9.2.1 智能电表

智能电表通常被认为是主要的消费设备，这通常是因为智能设备已经取代了电表到现金操作的标准电度表。然而，尽管智能电表还缺乏全球规范，但这些设备中的大多数将提供电力质量测量的功能，例如线路电压、电流和频率、大于和超过间隔数据的时钟。通过这些增加的功能，智能电表可以在电网故障排除、维护、负载规划以及在智能电表被设计成将信号传送到家庭设备的情况下——在需求响应中发挥意想不到的作用。

电表数据收集在很大程度上是电表数据管理系统（MDMS）供应商的权限，许多供应商正在打破传统定义，推出具备数据分析功能的 MDMS——最常见的是断电通知和收益保护分析。MDMS 很自然地成为智能电表数据分析的起点，因为它已经是消费数据的工作库，并且通常被设计为与计费、维护、预测和客户服务系统直接连接。

电表到现金操作将永远是电力公司的业务功能，当然也是最有价值和最受保护的功能之一。一些行业领导者已经开始担心、害怕这一核心功能会被改变。然而，通过使用数据分析，智能电表数据可以有力和有效地帮助电力公司处理以下几个业务问题。

- 改进对需求侧管理（DSM）计划的采用。
- 通过更好地中断响应和沟通，提高客户满意度评级。
- 通过更好地识别盗窃来减少收益损失。
- 改进负载预测。
- 提供新能源服务。
- 制订新的费率计划，提供新的服务。

智能电表数据分析已经很好地引导了电力公司通往改善能源客户关系之路，特别是解决了消费者的相关问题；它还可以通过帮助电力公司确定有缺陷的变压器，以及改善需求预测、收益保护和整体运营效率来提高盈利能力。利用MDMS数据库中存储的数据，电力公司可以通过分析电表故障和读数来获得显著的收益。确实，这是将数据分析带到电力公司的一个很好的起点，特别是考虑到通过增加持久的业务功能可实现即时ROI的优势。

毫不奇怪，尽管分离电表到现金操作具有优势，但是对于电表数据的需求并不会以MDMS为界限。根据系统的整体架构，虽然一些分析流程可能直接存在于MDMS数据库中，但数据可以被共享到更大的数据分析平台中。使用一个预定的提取—转换—加载（ETL）过程（尽管该解决方案将承受几十亿个交易的压力）或通过实时消息总线将数据传输到分析平台，这个平台可能驻留在企业中或云端。为了支持盗窃检测、断电恢复、动态人力管理、电压/伏安无功（VAR）管理和预测负载建模等功能，使来自电表的数据快速进入系统至关重要。当电力公司对其电表到现金业务的稳定性感到更加安逸时，新的创新阶段将会出现。它也会随着电力公司开始将其电表数据融入一个电网范围的平台中实现。这个平台提供各种应用，包括可视化和地理信息系统（GIS）、断电管理系统（OMS）、配电管理系统（DMS）以及需求响应管理系统（DRMS），但对于更大量的数据分析工作，尤其是对电网和客户行为的了解将会更深入。

9.2.2 传感器

虽然智能电表可以并且确实能够充当传感器，但其他网络数据是从变压器、电力线、电压检测装置和电表的负载侧的DSM设备的传感器上收集的。所有这些数据都是解决业务和运营问题的关键。除了传感器之外，其他监控设备还为电网状况的完整视图提供了有关总体运行的参数信息。这些传感器可能是传统设备上最先进的数字节点设备或是对传统设备的改进，包括呼叫停止的改型设备和它们维持无线通信的设备。许多智能电网传感器含有一个转换器，将物理形式的信息转换成电子形式，还有一个中央处理单元（CPU）用于现场处理数据，以及一个通信模块通过高速网络或无线收发器发送信息。当然，在分布式环境中，并不是所有的传感器都会将数据返回到电力公司，因为它们使用循环或先入先出（FIFO）缓冲器，并且被构建成能够自动响应某些输入。传感器为运营分析提供近实时的输入数据，可以被有选择性地存储，以帮助解决运行效率问题并支持资产管理。

眼睛和耳朵

尽管没有完全实现数据分析解决方案，但它在电力公司内部作为提高可靠性和避免高风险断电的关键工具已经被广泛接受。2003年美国东北部和中西部地区停电后，实施相量测量单位（PMU），以每秒30次的速度测量线路状况，以避免类似的大范围停电。由于分布式能源（DER）的快速增长以及连接的家庭电网和插电式电动汽车（PEV）的预期增长，人们对传感器的需求正在不断扩大。随着传感器技术在家庭和商业楼宇管理系统中的广泛应用，电力公司将有机会实现对需求方进行前所未有的可视化，包括在分立设备上减轻负荷，从而实现精确的负荷整形。

众所周知，电力公司利益相关者亲切地将传感器称为“眼睛和耳朵”。它可以通过特定的电网模型来分析数据，这些模型是不断增长的传感系统的“大脑”。这个事实尚未被很好地理解，特别是在设备供应商中，它们倾向于关注其功能特性，以及如何帮助电网运营商建立情境意识。传感器数据的可用性不断提高，这对于只能够机智思考电网的运营侧是有利的。

一个最新使用传感器数据分析的示例，蜂窝基站是能源的重要消费者，移动网络上高度可变的流量负载直接构成基站负载和功耗之间的关系。使用传感器来了解这种关系可以为电信供应商和电力公司提供协作的机会，以确定蜂窝接入网络内的能源效率。如果没有传感器数据和数据分析，这些机会将一直得不到实现。传感器数据与其他形式数据的整合将带来巨大、难以想象的机会，使我们的业务和生活环境更加智能、可持续和高效。

智能电网数字传感器技术还扩展了监控变电站功率流的条件并获得实时报告和数据分析功能。由于成本降低，该技术已被很快实施，尽管还有更多数据点可用，但电力公司一直无法利用已安装的监视功能。此外，尽管故障分析具有巨大价值，但一些类型目前尚未有效地反馈到电力公司，这导致它们错失了确定整改情况的机会。因此，一些电力公司发现要创造强大的战略业务案例是很艰难的，因为目前的实施预期的益处尚未被认可。

9.2.3 控制设备

像器官系统一样，一旦电网可以感知，它就可以被响应。有了智能电网，通信控制设备允许电网在用电紧张期间对负载做出反应、保持电网稳定性以管理复杂的 DER，并且应对电网稳定性不可预测的挑战。完全实现智能电网控制的目标被称为“自愈电网”。实现这一点要结合传感器的可视性、自动控制设备的灵活性以及嵌入式分析软件快速自动检测和隔离故障的能力，快速（1 ~ 5 分钟）重置分配网络，以最大限度地减少电网干扰的影响。在控制设备的一个应用中，分配馈线上的开关和重合器将隔离故障部分，并允许从备用馈线或发电源重新建立服务。控制设备还有助于电网协调管理可再生资源、太阳能和分布式发电。

控制设备的部署极大地改善了配电系统，尤其是动态负载变化。在巨大的负载系统中，许多分配交换机由操作员或预定的系统设置控制。当高级配电自动化领域的控制设备与监控数据相结合时，可以通过帮助运营商使优化系统中所必需的价值最大化来为改进决策提供电压—VAR 支持。

控制设备对智能电网自动化的愿景至关重要，包括调整功率扰动、对设备进行远程维修，并从集中管理系统提供命令和控制。虽然这种技术是现代化电网转型的关键，但仍然需要电力公司很好地了解在几分钟内检测、分析和纠正断电问题和其他问题的技术。后处理分析可以从电网上的各种传感器和智能设备进行重构，使工程师能够确定未来的趋势。

9.2.4 智能电子设备

基于微处理器的智能电子设备（IED）通常作为电力系统中的电网控制器而被使用，具有现场功能特性，能够从网络上的传感器和其他电力设备接收数据；它们还可以基于接收到的数据发出控制命令。IED 的典型用途包括基于电压、电流或频率不规则的跳闸断路器，以及充当继电保护设备，例如，负载抽头转换变压器、断路器、电容器组开关、重合器和电压调节器。电网基础设施内 IED 的功能各不相同，包括保护、控制、监控和计量。保护功能涵盖许多与各种故障、电压、频率和热过载相关的大量的电网保护活动。控制特征可以是本地的或远程的，并且具有可以用于监视和监测各种状态的监视和监控功能（例如，电路、开关设备监视和事件记录）。IED 还提供电流、电压、频率、有功和无功功率以及谐波的计量测量。[77] 由于 IED 还能够双向通信，因此，可以将数据直接纳入分析的生命周期。

IED 数据对于根本原因和故障排除分析尤其重要，因为它在每次发生故障或事件时提供大量的信息，包括电流和电压波形示波、输入和输出触点的状态、各种系统元件的状态以及其他设置。总的来说，IED 数据的特性由于其丰富而冗余的测量值，提供了极好的可观察性和分析潜力，从而增强了事件数据的故障分析和可视化。

9.2.5 分布式能源

DER 系统（包括可再生能源、微电网、EV 存储）在电网上的不断渗透，增加了从电压控制问题到供电间歇性干扰的可能性。将智能电网的数据分析应用于可再生能源的管理是高级建模的最强大用例之一，用来控制和监视 DER 以确保其可靠性。为了在由 DER 创建的条件下成功监控电网，电力公司必须拥有实时信息、良好的情境智能，了解当前的天气状况以及能够整合这些数据以便迅速做出明智的决定来管理频率控制、电源质量等运营参数。

事实上，如果没有使用数据分析来管理 DER，那么这些资源与宏电网间的

[77] Raheel Muzzammel（n.d.），智能电子设备。

相互联系可能会导致大量意想不到的事件和后果产生。为了尽快发展绿色电网和增加对恶劣的基地型发电的管制，如果电力公司在发电组合和输电网络中无法成功应对间歇式可再生能源的影响，则没有任何后见之明均衡电网的风险。DER 整合，特别是可再生能源需要比后处理故障或根本原因分析更深入和更直接的环境。成功的可再生能源的整合需要电力公司考虑风电、云层和其他环境变量对发电源本身的影响。这些因素可以瞬间变化，为了与容量相匹配，电力公司必须能够对其能源组合的预测具有高度的信心。预测不完善，即使是产能过剩的情况，也可能导致由于上游电力过剩而限电。

除实时天气数据外，管理 DER 的数据分析模型还需要电力线传感器数据，一次和二次馈线上的电流、电压；主次变压器的电流以及其他变压器参数，以提高安全可靠的电网运行的可预测性。除了协助运营商做出更快、更好的决策，DER 智能可以帮助勘探新的、适当的发电场地，优化资产的发电和传输，并提高预测能力随时间变化的置信水平。

9.2.6 消费者设备

正如本章前面提到的那样，各种设备已经遍布整个电网，并打破了普通电表构造的传统电网的格局，有效地将电网的广度直接扩大到家庭、商业建筑、校园和工业企业。爆炸式增长的 IP 处理设备已经广泛应用到衣服、手表、立体声、建筑物控制和智能家电中，这就是在第 3 章中介绍过的物联网（IoT）。从数据分析的角度来看，这相当于大量的数据，描述建筑物和建筑物内部与耗能设备相互作用的行为。其中一些设备是专门为减少能源消耗和转变需求提供节省资金和能源的机会而设计。然而，任何可以测量消费的传感器都可以被分析、建模和利用，以为电力公司提供各种益处。

从具有监控能力的需求侧设备收集和建模数据，是电力公司寻求与消费者建立信任的杠杆点，并通过提供新产品和服务来减轻其核心业务模式的风险。例如，随着时间的推移，间隔消耗数据的能量模型可以指示家电（如冰箱）什么时候处于失修状态，以及什么时候将会出现故障。这种信息是非常有价值的，生活在拥有宽带的家庭的人对智能洗衣机、烘干机和空调的兴趣越来越大。[78] 连

[78] Parks Associates（2012），能源管理设备：吸引消费者。

接宽带的设备为消费者带来便利；对于电力公司来说，容易实现的目标是能够对智能家电实时确认负载并调控负载。

随着“互联家庭”的出现，电力公司将在提供附加值能源服务方面直接发挥什么作用是不清楚的。这些 IoT 设备是否将处于电力公司、消费者或第三方控制之下也不清楚。然而，可以肯定的是，电信和有线电视供应商正在赶来争抢这个市场，它们致力于提供家庭控制、安全性甚至能源管理。到目前为止，电力公司主要侧重于需求响应应用，以减少用电或降低峰值。试点已经很广泛，但上线的很少。电力公司正在了解并学习市场营销，并与已经在消费者心中有一席之地的互联设备专家进行合作。

基于来自需求侧的数据分析可以帮助电力公司解决无数的业务问题，包括管理微电网和纳米电网的互联、性能监控、高度精细的设备级需求响应、动态定价程序和 PEV 管理。从消费数据中得出的分析结果将有助于电力公司扩大市场，并寻找新的方式来获取收益。此外，将这样的信息与可用于消费者的大量数据源（包括人口统计数据、行为网络和社交数据、分配数据和财务记录）相结合，将为进一步预测电力公司应用程序的洞察力提供基础。

9.2.7 历史数据

毫无争议的是，人们越来越需要保留数据并且能够方便地访问它们。然而，许多电力公司利益相关者担心，保留所有流入企业的数据在物理存储和管理方面的成本都是高昂的。事实上，将这些数据压缩在离线存档中限制了从中提取价值的能力，特别是在使用数据分析工作流程时。这个问题也衍生出两个难处理的问题：合规和隐私。合规与规定的报告要求相关，而隐私与政策和管理有关，即个人的信息能够被存储多长时间、以什么形式存储以及在什么条件下存储。经过清洗和匿名处理汇总的数据大部分不受隐私条例的约束。然而，在解决电力公司与客户如何以及何时使用电力的业务问题的背景下，特别是在支持提高能源效率和需求响应方面——信息无法被使用。为了解决隐私问题，电力公司正在解释法律和规则，往往造成面对数据的不情愿和保守的立场出现。

历史数据的有效性直接取决于它的收集、组织和存储方式。因为使用数据的前提是要能够查询数据，过度归一化的数据限制了它在数据分析模型中的使用方式，限制了可能通过新的观点和用途获得的未来的洞察力，特别是预测性和规范性的应用程序。在一些司法管辖区，有些关于要合作努力创建一个能够为公众提供综合和匿名数据的“能源数据中心”的严肃讨论。美国加利福尼亚州最近提出了这样一个项目，以方便消费者获取客户的能源消耗信息。[79]

对于电力公司来说这也是一个非常有趣的提议，因为这可能会促进一系列新的、有趣的能源应用的出现，也将为节能产品和能源市场研究创造新的市场机遇。此外，建立这样一个“能源数据中心”有助于缓解电力公司必须管理客户许可流程来共享数据的压力，同时，也可以通过提供对行业标准方法的洞察来整合和保护消费者信息。对于正在认真考虑将未来战略转移到增强能源产品和服务的电力公司来说，它们可以将自身重新定位作为共享数据的障碍，并且可以从信息公开的研究和智慧中找到明确的方法，并从中获益。

9.2.8 第三方数据

对历史数据的讨论自然会导致与电力公司分析程序中使用第三方数据相关的问题和关注。关于第三方数据的大部分讨论涉及共享由电力公司收集的客户信息，特别是计费和智能电表消费数据。但是，从数据源的意义上，特别是对于预测分析，融合第三方数据，如天气、新客户的人口统计信息、前提数据、社交图数据、财务记录、移动数据和具有内部来源的 GIS 数据信息，可以帮助电力公司处理多个业务问题，其中包括：

- 客户细分：根据数据模式对客户进行细分；
- 需求预测：通过更优的规划提高预测能力；
- 欺诈识别：为财政收入漏洞提供更广泛的观点；
- 程序优化：确定电力公司应该针对哪些客户应用程序以获得更好的程序的采用和结果。

已经有分析公司瞄准关于电力公司应用预测性数据科学来满足这些需求的问题，它们正在实实在在地从几百个数据源集成几千个数据点。由于电力行业各自为战的局面，电力公司不会为运营和业务利益而共享数据，所以数据集成商将介入。这些数据集成商将使用其专有的模型来分析大量的数据，并提供数据的见解。由于电力公司对可能有助于使第三方数据源产生效果的供应商进行

[79] Audrey Lee 和 Marzia Zafar（2012），能源数据中心，加州公共事业委员会。

评估，因此，通过共享来自许多电力公司的匿名数据的价值来改进数据分析结果也是值得考虑的，但这并不是长期有用的，因为电力公司的客户群、地理位置和技术具有独特的唯一性。然而，在许多情况下，共享数据可以大大加快电力公司对如何激励客户参与动态定价和需求响应程序的了解，以及通过将自身表现与同行相比来帮助电力公司改进自己的指标。

9.3 如何处理大量的数据源

数据融合

数据融合是在预测数据科学学科中处理许多数据集的核心能力。如图 9.1 所示，数据融合技术和方法使不同的数据集合并，并在结构化、非结构化和流式传输数据源之间管理冲突解决，从而可以合理地应用数据分析模型和算法。尽管其是被人工合成的，但数据融合可能比单独考虑的数据集更有信息，因为单独考虑数据集可能会令人分心。融合的过程可以是低、中或高级的，这取决于所做工作所处的阶段。例如，低级数据融合可以组合几个原始数据源，以生成用于数据分析处理的全新原始数据集。高级数据融合考虑对象层面的数据，并将信息融合在这些对象之间的关系层中。电力公司已经熟悉高级数据融合；发电厂控制室就是一个功能齐全的融合中心，因为它管理着传感器数据、人类行为数据和网络上实时影响电网的物理对象之间的关系。

因此，数据融合将不同的数据类型（包括结构化、半结构化和非结构化数据源）整合成可以建模的形式。

结构化数据在运营环境中非常常见，因为它可能是在没有人为干预的情况下机器生成的消息，也可能是由人类通过与计算机应用程序交互而创建的数据。在任何一种情况下，数据在背景和记录层面通常很好理解。结构化数据（如传感器、金融系统、应用程序和点击流数据）生成的信息通常是天文数字量级，但往往包含类似的、一致的和可预期的信息。由于这些特征，结构化数据在传统关系数据库的环境中更容易存储和查询。

非结构化数据可以来自机器和人类，但它包含不可预测的信息，如卫星图像、视频、社交媒体数据，以及在电力公司中包含文档、日志文件和电子邮件的所有文本。易于处理的非结构化数据的用途正在增加、能力正在迅速提高。然而，非结构化数据的一些最强大的用例来自于将其与结构化信息源进行融合的能力，以在细粒度级别提取高度相关的见解。

与不可预测的非结构化数据不同，半结构化数据是自描述的。与有固定记录的结构化数据也不同，半结构化数据是无模式和不相容的。它位于中间的某个地方，需要不同的处理方法。诸如可扩展标记语言（XML）和电子数据交换（EDI）之类的标记语言都是半结构化数据的示例。

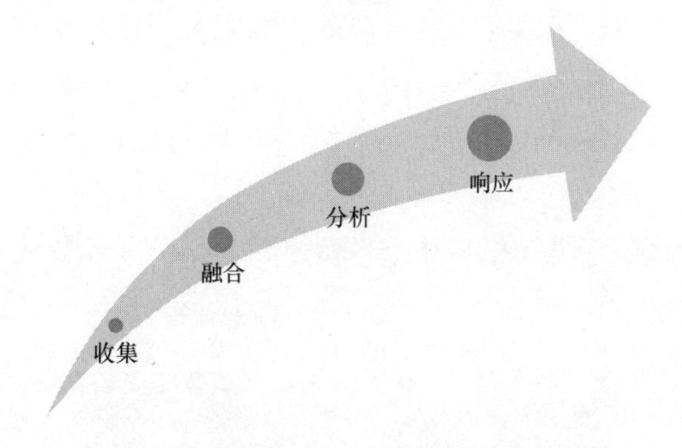

图 9.1　数据融合的作用是聚集复杂的数据源

高级数据融合计算模型通常有以下 3 种描述方式：基于物理的、基于数据（知识精简）的或基于知识（知识丰富）的。基于物理的系统依赖于线性和非线性方程来指定模型中的行为（如卡尔曼滤波或顺序蒙特卡罗方法）；基于数据的融合依赖输入 / 输出变量以提取系统行为模型（如机器学习）；基于知识的模型是建立在对系统行为（如模糊逻辑）的本体论理解上的。[80] 如在利用通过各种融合技术处理的信息的分析系统中，大多数融合系统依赖于过滤的建模系统和关联数据的结合。

数据融合是电力公司数据集成工作的关键过程。虽然它通常被认为是组合不同数据的一种方式，但也可以将其视为减少（甚至取代）数据量的一种方式——然而实际上增强的是信心。数据融合广泛应用于高级的数据集成项目，

[80] Subrata Kumar Das（2008），高级数据融合（p. xvi）。Artech House，Norwood，马萨诸塞州。

如 GIS、商业智能、无线传感器网络和性能管理等高级数据集成项目，是为高级分析应用准备原始和历史数据源的重要组成部分。

电力公司的下一步

■ 开发用例。在开发出数据将被如何使用的用例之前不要投资大数据技术。

■ 确定收集的内部数据是否足以解决用例。如果不是，需要什么样的数据，如何获得？

■ 完全了解所需数据，解决业务问题需要哪些数据源，哪些类型的数据分析适用于数据集。

■ 不要低估与寻源数据相关的价值和成本：必须收集、了解、组织和融合。

■ 基于数据可用性根据业务术语审视计划，并开始计划。

CHAPTER 10

第10章 大数据集成、框架和数据库

科学家考察了美国宇航局 10×10 风洞车间的罐动和装置（资料来源：NASA[81]）

[81] 图像从公共领域检索。

10.1 章节目标

在传统的数据库集成和存储方面，数据存储和数据处理之间已经有了明确的界限。随着效率和性能的提高，这条线开始变得模糊。本章从现有方法的角度讨论大数据基础架构的要素、在适应大批量和多种数据类型需求方面的困难，以及更具成本效益的分布式方法的优势。我们描述了开源大数据技术 Hadoop、Hadoop 分布式文件系统和 MapReduce，以及在电力公司生态系统中其他有益的数据库技术。我们还将讨论不同数据库概念的基本原理、定义特征以及每种概念的最佳用途。

10.2 这是要花成本的

许多电力公司利益相关者认为，大数据需要巨额费用。学习优化整个企业的大数据是控制这些成本的一种方法。分散的部门级项目从来不是制定全公司分析战略的最有效率和最具成本效益的方法，因为它们导致了没有凝聚力和综合的未受检查的技术迭代。然而，了解这个愿景的关键部分将有助于电力公司精简最优策略的开发。

在像电力公司这种复杂的生态系统中，比如由过程驱动的并且配备大型、昂贵和高速的计算机——像 Hadoop 和 MapReduce 这样看起来有些华而不实的术语，在实际的电力传输领域中没有任何地位。但是，如果企业对数据分析感兴趣，这些术语将变得非常重要。同时，通过这些名称更详细地了解这些技术如何运作并不是至关重要的，重要的是了解它们的优点。为了了解大数据管理系统的优点，有两个重要的主题：数据存储和数据处理，我们将在接下来的两章中讨论。与传统的数据管理不同，在大数据的领域中，这些数据经常出现在同一个系统中。

对大型数据库进行查询以获得业务洞察力肯定不是能源行业的一个新现象。但这些尝试几乎完全是在数据仓库或针对结构化数据的高性能计算（HPC）系统中执行，具有高延迟、分批、迅速（有时甚至几周）的过程。大数据可以快速访问许多不同形式的数据，包括非结构化和半结构化数据，大数据分析的价值主张可以在时间敏感的分析查询即时响应时间中被发现。

10.3 存储方式

大数据存储的核心要求是容量、规模和每秒高性能的输入 / 输出（I / O）操作或每秒输入 / 输出操作次数（IOPS）。这些要求都不是直接的。例如，IOPS的性能高度依赖系统配置、操作系统和无数其他因素。而当大量数据需要非常快的响应时间时，传统的缩放方法已经不够了。满足大数据的需求有如下几种方法。

10.3.1 超大规模存储

大数据应用的解决方法之一是超大规模存储。这些环境通过使用廉价的服务器和连接在单个系统中的存储来构建。环境中的存储单元通过被称为直连存储（DAS）的方法被直接链接到服务器。因为 DAS 不需要遍历网络以读写数据，所以它可被用于高性能环境中，它在存储层面提供冗余，因此如果任何设备出现故障，则立即发生对镜像单元的失效转移。为了更快地响应时间，除了快速磁盘之外，还可以实现闪存存储。超大规模存储环境并不总是需要挖掘客户指标或执行简单的业务功能；然而，特别是随着数据量的增长，电网运行或高强度计算融资功能很容易受益于这样一个专门的环境[82]。

10.3.2 网络连接存储

避开超大规模的技术操作可以选择使用网络连接存储（NAS）或集群 NAS 系统进行共享存储访问。这种方法可以根据数据和访问需求的增长速度，充分满足容量和低延迟的大数据存储需求。集群 NAS 盒可以配置在像电网一样的节点集合中，即把处理的电力汇聚在并行的结构中。最简单的，NAS 是一个文件级计算机数据存储解决方案，它运行一个联接到网络的数据访问的精简操作系

[82] Antony Adshead（2013），“大数据存储：定义大数据及其所需的存储类型”，Computerweekly.com。

统。NAS 是高度专业化、专门用于针对存储和提供文件进行优化的计算机设备。然而，传统的 NAS 结构不能扩展到大规模的水平，并且它们具有独立的文件系统，不能作为一个单一的单元搜索。在集群配置中，NAS 系统可以具有 PB（petabyte）量级文件系统功能，不会降级，因为系统可以随着处理节点的添加而轻松扩大。传统的 NAS 解决方案仍然很受欢迎，且价格一直在大幅下降。这些解决方案也易于 IT 人员使用 NAS 管理工具进行管理和配置。

10.3.3 对象存储

在大数据环境中使用的其他形式的存储是对象存储。对象包含数据，与文件不同，但它们是以一种层次结构组织起来的。对象由描述它们中每一个的元数据系统管理，是维护简化数据存储和访问的唯一标识符。设想你在餐厅里最后一次检查过你的外套后，衣帽间接待服务员拿了你的外套递给你一张票。你可能不知道（或可能会关心）你的外套放置在哪里，或者是一晚上它被移动过几次。重要的是当你回去取外套时，你把你的票交给服务员，他迅速及时地还回了你的外套，这就是对象存储。简单地说，系统通过依赖元数据索引来处理大量文件，解决了现实中日益增长的数据变得难以管理的问题。对象存储技术比 NAS 技术更新，可以以可靠的方式大规模扩展。然而，它也有缺点，主要是与较慢的吞吐量和建立数据一致性的时间有关。对象存储可能非常适合于货币，特别是对于那些不会快速变化的数据，如媒体文件和档案。

10.4 数据集成

很少有学科能在 30 年后继续发展着，但数据集成的实践和理论并没有停滞不前；因为数据库的实现方式在变化，它仍然在发展。首先有平面文件；然后有层次结构、关系数据库、面向对象的数据库、可扩展标记语言（XML）；再有平面文件（但这次用不同的管理策略）。事实上，在大数据的领域中，术语数据库甚至不完全准确，因为数据现在是在“框架”的保护下被存储，该“框架”既包括在文件系统中组织数据的方式（如数据库），也包括处理能力。

这种重点转移是由两个因素驱动的：收集更快且针对数据集更多的需求以

及为快速分析而优化的需求。但是，尽管数据集成是统一系统的瓶颈，但是就是因为缺乏功能需求，许多大型数据项目将在数据集成层面上变得不稳定——系统所需的行为在其建立时根本就没有明确的感知。根据定义，数据集成是组合各种数据源和类型以使存储系统内数据融合的过程。在大数据的范围内，集成随着数据的种类和数量的"爆炸"变得越来越困难。实际上，正是数据集成确保了大数据问题的技术解决方案支持业务需求。这个过程必须经过深思熟虑和被信任。

电力公司在建立了哪种数据存储适合于正在考虑中的数据分析项目之后，开始评估数据集成的方法和流程。奇怪的是，围绕大数据集成的炒作几乎与大数据本身一样大，而且难分伯仲。企业的最佳数据集成过程是将技术和业务驱动力有机地结合到一个凝聚的过程中。几个关键特征定义了一个成功的大数据集成解决方案，包括数据发现、清理、转换和数据从数据源到数据存储移动的方法。

现在应该清楚的是，为什么许多公司不得不承认，建立自己的大数据存储和集成环境可能是代价很高且很艰难的。如果大数据将要符合成本效益和可持续性原则，则需要一种可重复、一致的方法。

10.5　低风险方法的成本

不要迷惑我，我能认清方向。

——丽塔 · 梅 · 布朗（Rita Mae Brown）

虽然数据集成一直是一个数十年不断变化的过程，但它一直有一个一致的目标，即从多个来源提取数据，进行变换，并将其整合，以创建统一和一致的真实版本。工作流程、图形化以及易于使用的工具的开发帮助设计了针对不需要自定义、非标准和昂贵的维护软件的受限数据量的集成程序。对于大数据而言，这种方法的问题在于来自更广泛的不同来源的数据量不断增加。因此，数据集成不再是查找和部署功能丰富的工具的问题，而成为一个前所未有的规模效率和性能问题。许多数据集成的最佳实践虽然在很多方面都适用，但根本不符合大数据要求。

在迅速建立大型的数据分析一体化的过程中，许多电力公司将会以昂贵的方式进行扩展，但这并不会带来必要的利益。例如，一些电力公司试图部署一个设计用于提高现有提取—转换—加载(ETL)进程效率的暂存区域或着陆区域。暂存区域可能包含一个关系型的数据库、集合的 XML 文件或某种类型的文件系统组织，其中可能会进行预计算、数据清理和其他形式的合并。根据实施情况，这种方法可能单单在数据库基础设施和维护成本方面相当昂贵，并且可能会不必要地增加数据集成系统的复杂性。

试图控制预算，急于确认短期结果会导致不理想的方法出现，是不可持续的，并且必然需要付出更多的代价。

这是一场失败的战斗。考虑到这样一个事实，即使你为提高现有系统的性能而进行的努力会带来 50%的收益，如果过去需要一周的时间来运行流程，那么现在电力公司可能仍然会花费两个或三个周期来完成一份工作。在不断流动的数据世界中，到整个流程完成之时，数据可能已经过时了。

已经开始认真从事大数据工作的电力公司正在考虑成本上涨的问题。为什么？ TDWI 的作者描述了反复争论的现象，这是由于企业试图通过增加更多硬件、软件许可证、电力和冷却基础设施以及员工来提升其效率和绩效问题而产生的：

一段时间后，人们意识到他们不能用硬件来解决这个问题……在这一点上，就像在时间上退了一大步，数据脉络流失了，数据库过载，成本和复杂性上升到了顶峰。[83]

10.6 让数据流动起来

在获取和合并构成电力公司的大数据世界巨量数据的范畴内，需要新的数据集成方法。考虑到这一点，有一个方法是关注数据流，而不是数据的旧式集成，其中数据统一和加载是此过程的主要挤压点。这使企业抛弃将数据集成作为渐

[83] J. Lopez (2012)，“大数据集成”，TDWI，Syncsort 电子书。

进过程的思维方式，而转向面向框架和环境的思维，并将 ETL 原则整合到一个单一的解决方案中。这样，数据映射、数据加载和跨混合应用环境的访问全企业数据将是真正有效的。然而，如前所述，将电力公司进行综合大数据分析程序所需的各种高容量信息进行集成的最佳方式取决于所使用的框架。许多电力公司正在单一解决方案中寻找可以提供统一、高质量、可靠的信息的功能。随着数据流动的需求不断增加，集成过程逐渐将数据仓库、主数据管理系统以及自定义应用程序都融合到大数据环境中。

开展大数据计划的电力公司利益相关者接触到一种新的、十分怪异和陌生的术语以及其他与之相关的术语。这些术语中的许多都代表了强大的技术，但是就像之前的行话一样（如“混搭”“脑转储”和“众包”），我们早晚都会适应，再也不用考虑这些奇怪的描述符。虽然这个列表仅涉及了大数据术语广泛的词汇表的表面（有些人把它称为一个集），但以下是需要理解的一些关键术语和概念，以进一步讨论大数据框架。

10.6.1 Hadoop

大数据革命已经为你提供了 Apache Hadoop 的赞誉。Hadoop 是一个用于以低成本和大规模存储、处理和随后分析数据的开源框架，它允许人们在分布式服务器集群中存储大量数据，并允许用户在这些集群上运行分析应用程序。

Hadoop 于 2006 年从 Doug Cutting 创建的一个由 Yahoo 资助的项目中出现，Doug Cutting 解释 Hadoop 是在他的儿子给一个棕黄色大象玩具命名之后而命名了这种容错、可扩展的分布式计算系统（它没有什么具体含义）。Hadoop 可以扩展到成千上万的商品服务，以便在分布式环境中提供大型数据集的弹性存储和处理。该技术通过改变大型计算的经济性和动态性来改变大数据世界。如何改变？想象一下，你的企业将花多少钱购买 1 000 台中央处理（CPU）器，而不是将 1 000 台单个 CPU 捆绑在一个集群中。现在，假设你的具有 1 000 个 CPU 的非常优秀且昂贵的机器刚刚出现故障，这只是一个令人厌恶的时刻，无须多言。

从概念上说，Hadoop 是非常简单的。如图 10.1 所示，当加载数据时，通过将大数据文件分割成由不同节点管理的较小块，将其分布到集群的各个节点。此外，每个块在多台机器上进行复制，因此，如果单台机器发生故障，数据仍然可用。使用 Hadoop，数据是面向记录的，这意味着，当单个输入文件被分解和存储时，在处理记录的过程中，它们在数据的子集上运行。因此，可以根据最接近处理节点的数据来调度应用程序计算，通过移动网络周边的数据以及保持计算接近数据来降低延迟，而不是将数据传送到特定设备进行计算。

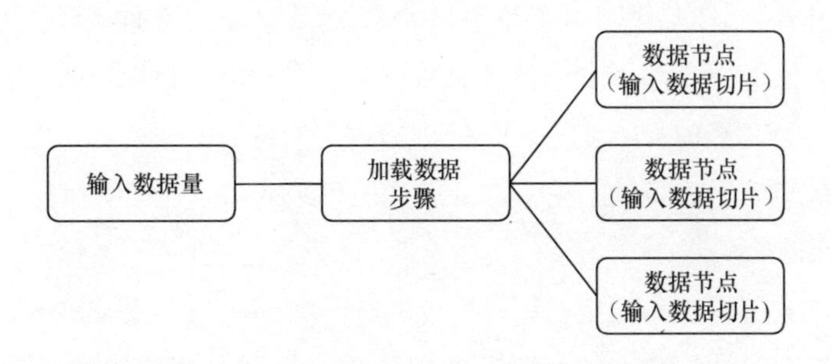

图 10.1 使用 Hadoop 方法进行数据加载

正是通过数据局部性的概念，Hadoop 才能实现其高性能和可扩展性。你可能已经猜到，根据我们以前关于存储模式的讨论，DAS 是 Hadoop 环境中的一个假设。为什么要引入 NAS 所需的外部处理，否定数据局部性的好处？这是因为目前还没有把 NAS 用于二级存储或甚至主要存储实现的作用算在内。无论哪种方式，跨多个机器的复制数据块的原理驱动每个单独的计算过程彼此隔离。处理这种不同数据的方法是通过使用称为 MapReduce 的模型。

10.6.2 MapReduce

MapReduce 是一种在计算设备集群上使用并行分布式算法处理大型数据集的模型。大多数人认为 MapReduce 是在分布式环境中处理数据的方式，确实是；然而，MapReduce 也可以成功地用于管理异构数据源，特别是当要求对需要集成的大量数据进行复杂计算时。MapReduce 有很多实现方式，而 Hadoop 是其中之一。基本上，模型的“Map”部分负责分解问题，“Reduce”部分将所有内容放在一起，以编译一个单一的答案。它的工作原理如下：“Map”使用一系列键值对将问题分解成较小的部分（以便之后可以找到它们），并将这些部分发送到集群中的不同机器，然后并行运行所有的部分。再介入“Reduce”步骤，找到具有相同键的所有值，然后将它们组合成一个值。

以下是一个例子：一家非营利性研究公司希望计算《财富》500 强公司中

女性作为公司高管的数量。最终需要知道公司中所有女性是谁以及谁拥有这些顶尖职位，然后汇总这些信息。收集这项研究的数据有一个显著的方法：该团队有许多研究人员，每个人都获得了一个公司的列表，要求他们收集所需的数据，并在一天内返还。这些研究人员正在执行 Hadoop 命名的“映射器任务”，他们正在研究每个公司里（我们称之为关键）可能有几个女性担任这些职位（我们称这些为值）。然后，假设当所有研究人员将其收集的数据发送给项目经理时（Hadoop 将会称经理为 reducer），他创建所有信息的电子表格。当然，分析师会用这些信息来得出各种结论，但关键是项目经理和研究团队执行了一个经典的 MapReduce 算法。

图 10.2 演示了这个过程。可以肯定的是，MapReduce 并非难事，但是当面对数百万（有时甚至数十亿）可能并没有如此整齐的数据结构时，在大规模环境中执行这些操作是极有意义的。

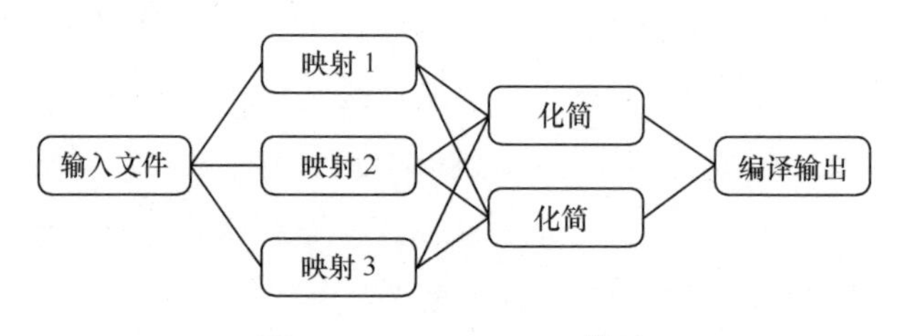

图 10.2　MapReduce 算法

10.6.3　Hadoop 分布式文件系统

虽然 MapReduce 是 Hadoop 中使用的编程模型，但 Hadoop 分布式文件系统（HDFS）就像其名字所暗示的那样，是其自己的文件系统。然而，本着开源的精神，Hadoop 开箱即用支持多种文件系统，包括 Amazon S3、CloudStore、文件传输协议（FTP）、只读超文本传输协议（HTTP）文件系统和 HTTP Secure HTTPS）文件系统。事实上，Hadoop 可以与使用 file：// URL（统一资源定位符）安装的任何分布式文件系统一起使用，但不能避免一定的性能开销，因为它是 Hadoop 特定的文件系统的桥梁，保持了数据局部性的优势。请记住，Hadoop 性能依赖于知道哪些服务器最接近数据。

它实际上是 HDFS 的一个功能，可以将数据分成由集群内的不同节点管理的块。虽然这不是必需的，但数据是冗余的；每个块在多个数据源中被复制成小块，以便更好地受益于数据局部性。具体来说，HDFS 旨在可靠地存储大量数据，并提供读取和计算的快速访问。[84] HDFS 最适合于流读取性能，不同于允许更新文件的数据库，不支持修改（虽然设置数据文件的搜索路径时支持），随机查找时间不是最佳的，除非使用像 HBase 这样的扩展（专用的索引器驻留在 HDFS 之上）提供快速记录查找。

10.6.4 如何帮助电力公司

拥有开源项目的电力公司是早期在 Hadoop 项目中取得成功的电力公司。2009 年，美国最大的公用供应商田纳西河流域管理局（TVA）为 7 个州的 900 多万客户提供服务，一直在使用 Hadoop 收集来自相量测量单位（PMU）的数据。从来自近 1 000 个 PMU 的现场收集数据，每秒 30 次。该信息被捕获作为时间序列数据，并发送到 Hadoop 进行处理，在其上集体运行。TVA 选择 Hadoop 不仅仅是因为它能够可靠地处理大量数据并存储它们，更重要的是它能够经济高效地扩展。[85] 其他电力公司可能会发现，虽然 Hadoop 并不完全适合于其整体生态系统，但在将数据最终推入数据仓库之前，通过分解任务来适应复杂的数据集成问题是合适的。这种方法可能包括完整的集成重新设计，以压缩处理时间，而不是像传统的暂存区域一样扩展 ETL 跑道来拖延时间。

这里有一个重要的注意事项：不要只是因为你的数据量太大、无法在 Excel 电子表格中加载或因为它是免费的而使用 Hadoop。尽管该工具在大数据的处理领域地位很高，但分布式处理并不总是正确的答案。Hadoop 的新功能和设施发展迅速，因此，请注意，即使 Hadoop 的单元数据的成本可能低于关系数据库，集群服务器和具有高级编程、数据管理技能的专业员工面对每种不同的情形可能花费的成本还有点高。传统工具，诸如内存数据库，甚至关系数据库等专用工具可能更适合企业的需求。而时间序列数据库服务器、空间数据库或地理信息系统（GIS）数据库可能是对现有问题更为合适的解决方案。

---

[84] Hadoop Tutorial（n.d.），Yahoo!

[85] Dave Rosenberg（2009），“开源 Hadoop 推动田纳西智能电网”，CNET 新闻。

首先在评估各种解决方案的好处之前了解业务问题，增加在选择合适的工作技术时成功实施的可能性。此外，确保你在投资工程师之前致力于 Hadoop，以开发对神秘的 Hadoop 启动器：Pig、Hive、Sqoop 和 Oozie 地全面了解。

10.7 其他大数据库

当大数据存储的话题出现时，讨论关于大数据关系数据库的缺点是很常见的，这是为什么？很简单——这些系统是被设计来管理结构化数据的。事实上，结构化数据通常被称为关系数据，并且非常适合于需要以行和列方式组织特定信息包的企业。关系数据库管理系统（RDBMS）在处理周期中通常会招致昂贵的开销需求，因为数据是通过存储在数据库中任何特定字段（如客户的邮政编码或其他离散信息）中的实际内容进行搜索的。然而，大数据分析是利用非结构化和结构化的数据，包括自由文本、图像、对象和其他类型的原始信息。因此，如果需要规模和灵活性，则仅依靠 RDBMS 技术将是不太理想的解决方法。即使 RDBMS 的使用是整体方法的一部分，我们也有许多其他选择。

以下是除流行的 Hadoop 技术之外的电力公司使用的一些最突出的数据库的目录。虽然它在大数据分析领域并不是所有有用技术的综合目录，但它概述了在电力公司生态系统中可能是有价值的主要方法，描述了每种技术的方法，定义特征和最佳用途。

10.7.1 NoSQL

正如所提到的，我们不可能注销关系型技术，因为它对企业来说仍然很重要，它只不过是能够在数据之间建立关系的基本业务需求。这并不意味着非关系数据库技术都是炒作。它们在大数据分析环境中具有真正的优势。我们已经讨论过 Hadoop，并将其描述为分布式计算生态系统；SQL（NoSQL [结构化查询语言]）是其中一种可以实际部署在 Hadoop 环境中的一大类数据库管理系统。与关系系统不同，NoSQL 数据库不使用固定的架构组织数据，并且在复制和分布式情况下运行良好，达到了大数据应用所需规模的要求。有以下几种变体的 NoSQL 数据库通常由适当的数据模型来分类，如下。

■ 键值存储，支持非常快速的简单检索和追加操作。

■ 文档数据库，其中键值对中的值是复杂的数据类型，称为文档。

■ 图形存储，包含网络数据（如社交数据连接）。

■ 全列存储，支持对以分列格式存储的大型数据集进行查询（与 RDBMS 行相对）。

与关系数据库不同，大多数 NoSQL 实现不能保证交易过程的可靠性。相反，它们采用一个被称为最终一致性的范例。正如“NoSQL”的名字一样，这些系统不会使用 SQL 进行查询；相反，它们可能会使用较低级的语言或应用程序编程接口（API）。对于大数据实现，NoSQL 数据库的优点包括扩展的能力——这意味着使用商品服务器（或云）来增加容量以及能够动态处理模式，包括即时向记录添加新的信息类型。

10.7.2 内存或主内存数据库

用于更快处理大数据量的另一个策略是内存数据库（IMDB）或主内存数据库（MMDB）。IMDB 依赖于计算机的主存储器，而不是针对数据存储的磁盘存储器。这些数据库对于垂直应用程序尤其有用，它们提供了从执行更少 CPU 指令的简单内部优化算法中获得的优势。IMDB 利用易失性存储器，并且在响应时间至关重要时是十分有用的，但是在发生断电的情况下它们会丢失所有信息。然而，随着非易失性双重直插式内存模块（NVDIMM）的出现，这种数据丢失越来越少，因为这些模块允许 IMDB 实现传统 RDBMS 的一致性和耐久性。由于这些系统通过消除磁盘 I/O 的机械活动来提高处理速度和数据处理能力，因此，这些数据库特别适合于满足智能电网和“互联家庭”中已安装好的设备的性能需求。

IMDB 有许多变体，包括 SQL 关系、NoSQL 和分布式。电力公司可能已经熟悉 IMDB 数据库，因为 Polyhedra IMDB 是用于监控、数据采集（SCADA）和嵌入式系统的通用存储解决方案。IMDB 的优点之一是在查询期间消除查询时间，其测量速度比传统数据库快 10 ~ 100 倍。[86] 为了实现高可用性，IMDB 往往与其他机制结合使用，以提供故障转移和数据复制。这些数据库支持结构化和非结构化数据的使用，因此，有利于快速运行内存中方案或复杂计算的分析。

---

[86] Chris Preimesberger（2013），“内存数据库驱动大数据效率：10 个原因”，eWeek。

这种响应时间对于以前总是受到较慢的计算时间限制的数据分析可视化十分有用，它支持实时建模和数据探索。IMDB 最适用于有针对性地解决涉及大量数据的各种数据类型的特定业务问题。

10.7.3 面向对象的数据库管理系统

面向对象的数据库管理系统（OODBMS）将信息作为对象进行管理，以增加使用具有相应数据库技术的面向对象编程范例。OODBMS 通常允许面向对象的应用程序将数据存储为对象，并在数据库中直接复制或修改现有对象。在构思大数据管理技术时通常不会考虑，OODBMS 可以支持图形结构的数据类型，并且能够很好地与复杂的数据类型的管理匹配。它们在电力公司环境中是有用的，因为它们支持工程功能，包括空间应用程序。直接访问对象数据，不需要 RDBMS 所需的映射，以及在应用程序中的存储对象与系统中其他对象具有多对多的关系。面向对象数据库的内存和 NoSQL 实现也已被开发，但 OODBMS 在大数据分析中的作用尚未明确。

10.7.4 时间序列数据库服务器

时间序列数据库服务器（TSDS）是专门用于处理时间序列数据的系统，时间序列数据是在时间上测量的连续数据点，通常以均匀的时间间隔隔开。由于时间序列数据被用于信号处理、瞬时天气预报、控制和通信工程，它与电网运行密切相关。例如，负载配置文件是能量消耗值的时间序列。当数据量超出底层系统的能力时，时间系列数据既不是自然的关系，也不总是适合 Flat File。TSDS 是专门用于优化对时间序列数据的流特性的处理，这些系统可以建立在诸如 Apache HBase 之类的现有技术之上，并且被调整以满足统计操作的数据分析要求。TSDS 是高性能历史分析的适当的基础，它们的实用性已经在电力领域被展示了，它们已被用于处理来自数百万个智能电表和智能电网设备的数据，可以在几分钟而不是几小时内加载。电表数据管理是 TSDS 适用性的主要用例，因为系统在降低存储和系统成本的同时提供具有线性可扩展的最佳处理。

10.7.5 空间和 GIS 数据库

对空间和 GIS 数据库进行优化，以专门存储和处理描述几何空间中存在的对象数据。这些被表示为点、多边形和线。一些空间数据库甚至能够处理三维（3D）数据，包括曲面和拓扑覆盖。空间和 GIS 数据库可以作为覆盖电力公司使用多年的现有数据库系统而被实现。几十年来，GIS 数据以某种形式被用来管理外部电厂。在智能电网的领域内，这种数据库变得更加显着。在数据分析的领域，数据库可以计算电网资产，这在推动更好的决策机会中是绝对必要的。

使用优化的空间索引来支持与测量、相交特征以及新几何构造相关的功能，空间数据库通常期望符合 OpenGIS，尽管不是全部。这意味着它们反映了国际开放地理空间信息联盟（OGC）制定的标准。这些标准已经在 NoSQL、关系数据库、图形数据库和专用系统上实现。

10.8 丰富并非好事

当然，还有丰富的大数据集成和数据库技术，而且这些问题很容易让沉浸在该领域的人不知所措。然而，在这种情况下，对于电力公司的战略家而言，坏消息也是好消息。如果没有其他的，那么明确地说，电力公司中的所有数据分析项目都没有一个单一的解决方案，但是重要的是要做出明智的选择。

规划问题

1. 可以提高 IT 团队、应用程序开发人员、数据科学家和分析师的生产力最重要的功能是什么？

2. 在延迟和访问数据方面，在影响项目的范围内所需系统的主要制约因素是什么？

3. 现有的企业数据源为什么必须集成到大数据平台中，如关系数据库和各种企业应用程序？

4. 与数据一致性、耐久性和可用性有关的要求是什么？

5. 需要处理什么，数据从哪里来，以及谁会使用它们？

CHAPTER 11

第11章

提取价值

美国宇航局科学家使用的四乙基铅提取装置（资料来源：NASA[87]）

11.1 章节目标

从电力数据中成功地获取价值取决于有效的处理技术，以及在不断缩小的

87 从公共领域检索的图像。

时间窗口内用恰当的算法找到正确答案的能力。对时间序列数据的需求以及对可检测模式的近实时响应的需求正在变得越来越大，特别是随着智能电网中部署传感器数量的增加。不幸的是，为了分析大数据，制定一个统一的业务战略滞后于大量的实验项目，因为利益相关者试图“掌握”Hadoop和其他解决方案可以做什么，这导致生产效果不佳。本章讨论大数据处理的重要和突出问题，哪些工具能够提供帮助，以及如何选择合适的装置来满足业务需求。

11.2 我们需要明确的答案

当从大数据中提取价值时，选择的对象令人困惑。大多数电力公司利益相关者希望大数据能够自然地为他们的问题提供更好、更快、更准确的答案。这个问题看起来似乎很简单——当大数据库已经建立并包含所有电力公司最重要的信息时，只需要向数据库发送命令，系统就会提供一个有用的答案。IBM公司的Watson可能能够回答这个危险的问题，但它不能操纵大多数电力公司的系统。至少目前还不能。事实是，随着数据分析的发展，问题的关键不在于质疑正确答案的推定，而在于探寻系统，希望能够出现一些有趣的东西。当有趣的事情出现时，可以进行进一步调查研究。

起初，当电力公司确实需要可衡量的投资回报率（ROI）并且需要快速了解运营时，特别是当电力公司处于转变状态并要求高价值决策时，它们很难理解这种方法都是有用的。这种模糊查找起到什么作用呢？

有这样一个故事，1854年，当徒步旅行者知道自己遇到英国德文郡偏远的北部沼泽时，詹姆斯·佩罗特（James Perrott）拿出一个瓶子让徒步旅行者们塞入便条。这个想法变得流行起来，徒步旅行者开始将明信片放在宝箱中（有时写给自己），并拿起同路的旅行者的明信片，他们会把它们张贴到最后的目的地。因此，信箱应运而生。最终，消遣成为一种艺术，信箱在这个遥远的沼泽地被很好地隐蔽起来，他们需要的线索存在于世界各地。现在，搜索者从这些宝箱里收集邮票而不再是明信片。一些信箱甚至包含下一个信箱的线索。很像藏宝的游戏，大数据探索需要定位技能才能找到答案。对于某些人来说，这是一个专业的兴趣；对于另一些人来说，这是一个难题；而对于其他人来说，这是一门艺术。这里有一个信箱的线索：

箱子在火圈中等待，

朝北极走几步，

不要害羞，一直走下去吧！

从裂缝开始，树为终点，

当你看到一块岩石时，箱子会自己跳出来。

——摘自 *Temple of Terror Letterbox* clue [88]

数据科学家正在做同样的事情：大数据“信箱”需要自适应程序（徒步到处旅行），辅助算法（“信箱”的线索）和查询（“下一步我去哪里”）以获得所需的结果——一次一条线索。Stratos Idreos 将大数据探索的过程描述为“自适应”：

在适应用户请求的意义上，系统和整个查询处理过程是自适应的；它加快了最终获得用户正在寻找的完整答案的过程。[89]

各种供应商以不同的方式实施这种方法，但真正的数据分析在一定程度上是自适应的。这种探索性方法只能通过不断发展、高能力和快速的查询处理系统来实现。即便如此，虽然技术可以加快查询时间，但这与某些类型的大数据存储范例是相违背的，核心挑战仍然是：当大量数据不断地从各种来源被吸入并且需要根据这些数据快速响应时，得到合适的答案是不可能的。事实上，与传统的方法不同，客观的答案从实际问题中得出，有了大数据也不可能理解可能存储在系统中的所有相关信息（因为信息不断地进入和堆积在系统）。因此，大数据处理必须使处理主要从如何探索数据出发，而不是为了基于所有已知信息的优势来满足请求。

这需要多长时间

通过优化的系统，大数据洞察可以比得到一杯咖啡所用的时间还要快。通过从获得“信息”到获得“实时洞察”的概念，实际上意味着最优效率，电力

[88] Green Tortuga（2009），“*Temple of Terror Letterbox*”。

[89] Stratos Idreos（2013），“大数据探索”。大数据计算，由 Rajendra Akerkan 编辑。Chapman and Hall / CRC Press，273-294。

公司将获得经济价值。任何曾经从事过处理大量数据工作的人都会在建立“提交和请求”模式的同时等待系统解析和解密所需的数据。我们从简单的工作开始。目前为止，真正可靠和快速的系统已经被高价值用例所保留，但数据爆炸以及与高级系统相关的成本下降已经改变了这种状况。如今，“快速数据”随处可得，最常见的用例包括社交网络监控、传感器数据网络和高频金融交易系统。

“快速数据”是另一个相对很好定义的术语。这是在大数据中正确的时间提供正确的数据的一种方式。Ovum 公司的 CEO Tony Baer 是首次使用该术语的人，他在实践中将其描述为：“包括利用高性能、多核处理技术的一系列技术，通常与硅存储相结合”。[90] 如果你是一个传统的商业智能用户，试图及时回答关键业务问题对这种快速技术的需求是完全有意义的。考虑这种情况：一场危险的冰暴即将来临，这是几十年来最冷的一次，而且由于过度需求以及有计划和无计划断电使情况更加不堪。CEO 对处理紧急问题提出了自己的要求。她需要与公众沟通，确保客户断电已被控制，并制订快速恢复计划。不幸的是，分析团队还没给出答案，冰暴已经到来，危机渐渐加剧。获取足够详细的答案以驱动具体行动的过程太麻烦了。另外，电力公司希望试图通过不精确的数据，根据经验和运气，粗线条地为广大客户做出良好的决策。

由于电网还不够智能，故障和断电的持续时间远远超出了合理控制的范围。2014 年 1 月，当美国东南部遭受极度寒冷的天气时，电力公司中断与肯塔基大学的合同，以降低电力需求。本来预计风暴不会那么严重，也不会推动这么高的需求。相反，这是公共电力公司历史上最糟糕的一次。在大学，当校园电力被切断时，备用发电机组发生故障，随着学生被转移到温暖的避难所，校园 40%的主要建筑物遭受了冷冻，管道和设备被严重破坏。[91] 为了平衡供需而没有预料到导致了如此严重的后果。

如何通过使用大数据分析来改善这种情况？有几种可能的方法，但是首先想到的方法是：一个将天气数据整合到更大的业务决策模型的基于“快速数据”的分析系统，应该具备很大的优势。用最佳预测模型处理历史电力数据会产生

[90] Tony Baer（2012），“什么是快速数据？” Ovum。从 2014 年 1 月 25 日检索。

[91] Rob Canning，Chad Lampe 和 John Null（2014 年），“由于断电和冻结温度至少造成 MSU 主楼 40%的损失”，WKMS。

一组可能的方案，电力公司将具有关于对电网可能产生的影响的更精确的信息。随着这些情况的出现，电力公司可以更好地分配和部署资产，以主动且有效的方式最大限度地减少对电网客户的影响，而不是被动地和仅给客户极短的时间（5分钟内）。这将增加准备时间（使发电机旋转以了解其是否正在工作），并且在设备出现故障的情况下，有助于在不利条件下确保人身和财产安全。通过电力公司更好、更准确地与客户沟通，学校可以更早地调动发电机来避免出现重大的损失，尽可能避免或应对故障，或另作安排，保护校园内的学生，防止严重损坏设施。

即使电力公司可以访问大量的正确数据，利用大型数据集的问题也不是存储容量的问题；而是慢索引、调整和数据访问速度的问题。使用传统的数据处理技术，在存储、处理和查询之间存在低效的阻塞点。如所讨论的那样，处理大数据的方式与处理传统的数据问题截然不同，这使得很难将“旧”过程与“新”过程（以及随后的结果）进行比较。事实上，有必要完全摆脱对数据管理和访问的传统观点，这是实施面向未来永不过时的大数据分析架构的第一步，很大程度上，一些心理原因在阻碍我们（“但这就是我们一直以来的做法”）。

这并不是说在传统的面向企业的数据仓库（单一真相源）中没有巨大的价值。实际上，这些实现很可能会在一段时间内一直有价值，只需要被用于正确的业务问题中。然而，必须承认，大数据分析面临着包括在寻源、存储和使用中受到不同力量的挑战。它通常是一个无休止和不可预测的趋势。传统的方法不能理解多种形式的实时数据分析所需的持续、大量的输入数据。例如，在电力公司中，这些“无限”的数据源包括电网传感器数据、监视信息（包括视频）、能源相关商品交易功能、意外断电恢复所需的投入以及某些资产健康应用产生的数据。

11.3 从数据中挖掘信息和知识

早在20世纪60年代，统计学家便开始用“数据疏浚”和“数据捕捞”这些术语来贬低那些用不经过任何推理假设的结果随意篡改数据的人。到1990年，这个术语被数据社区中的许多人重新定义为“数据挖掘”，指的是我们数据集中提取价值的那种能力，有点考古学上的意思。然而，这个挖掘过程本身已经被使用了几个世纪。例如，回归分析是估计一个变量值不同于其他值的统计过程，德国数学家卡尔 · 弗里德里希 · 高斯（Carl Friedrich Gauss）早在 1794 年在“最小二乘法”应用中使用了这个方法（实际上，关于是谁发明了这种方法是有争议的，尽管其根源可能是在古希腊的诗歌中被发现的）。

将最小二乘法的实际策略放在一边，该方法从一个非常显著的问题演变为大数据分析：当水手不再依赖于地平线进行导航时，他们“挖掘”天空。因此，需要一个准确的模型来定义天体的导航位置（这并不是容易的，由于地球的曲率、天体的形状和尺寸以及它们的轨迹）。高斯表明，使用该模型，通过最小化在估计中发现的误差，有一种算术方法来一致地定位这些物体。而且，类似地，数据挖掘是一种以编程方式从数据集中提取模式的方法，从而创建新信息以在未来使用。

在电力行业中一个很常见的例子是，许多项目试图向业主建议如何将他们的住宅或建筑物与其邻近地区的类似的结构进行比较，以及如何改进自己的住宅的结构性能。通过分析消耗数据和结构信息（如建筑物围护结构数据），电力公司不必进入每个建筑物来识别泄漏或低效的加热和冷却设备。通过统计学导出的基准来衡量在结构上进行的改进的预期节省值，从而为客户提供服务，其中还可以进一步改进并区分其优先次序，以节省能源、资金和帮助电力公司降低整体需求。

这种类型的机器学习也是预测分析的非常强大的工具，它允许应用程序预测资产出现的问题和断电，检测收入流失和盗窃，并识别电网上的优化机会。分布式可再生能源在电网上的渗透率越来越高，催生出了更多有价值的用例，其中数据挖掘可以通过创建数据驱动决策的机会、管理不可预测的发电，当微电网成为孤岛并重新连接时可以减轻与电压扰动相关的负面影响，以使间歇发电整合变得容易。

数据挖掘是通过发现这些事实之间的正确关联和关系来了解大量事实的关键，以便使电力公司获得更多描述过去和预测未来的知识，而且允许电力公司采取适当的行动。这听起来很像数据分析。然而，数据挖掘和数据分析之间存在区别；在很大程度上，数据挖掘侧重于发现隐藏的关系，而数据分析则侧重基于已知信息得出一些结论。许多人认为这种区别是错误的。认为数据挖掘是属于描述性分析。数据挖掘也属于发现模式的预测性分析的范围内，它描述了在账单上有违约风险的客户，并发现未来可能无法付款的客户。公平地说，数据分析只是数据挖掘的一个新名称；尽管如此，可以更准确地得出结论，数据分析是数据挖掘实践的延伸。例如，数据挖掘可能展现在 Whole Foods 吃午餐的大多数客户刚刚上完瑜伽课，数据分析将帮助 Whole Foods 通过这一信息做出决策，如提供冰沙优惠券，贴在销售点的瑜珈垫上，甚至扩大其营销工作，以针对那些消费能力较低的客户。或者，适用于我们的第一个回归例子，数据挖掘可能描述了天体，但数据分析决定了哪些客户对海军上将的六分仪或救生艇是最感兴趣的。

11.4 数据提取过程

如果我们承认大数据分析已经将现有的数据挖掘方法扩展到了使用数据进行更广泛的工作而超出了简单的模式识别与统计，那么了解哪些技术最有用、最流行和有发展前景是最重要的。首先，至关重要的是要直接从对业务问题和对象的可靠且全面的评估中获得可衡量的 ROI，从而推动数据分析计划。

像大多数复杂的过程一样，当电力公司开始识别需要被提取并且可以被提取的不同数据时，这种方法通常是迭代的。这意味着它们将首先确定有助于处理有针对性问题的事实，然后查看源数据，以便与其他数据进行最佳关联和聚类，以产生预期的结果。图 11.1 描述了创建业务驱动的数据结构的高级方法，该数据结构可以被挖掘和分析，以获得更深刻的见解。这取决于各种因素，而不管最终用于数据分析的技术如何，数据来源和其格式如何影响数据的存储、处理以及数据模型对数据的描述方式。你会记得，数据模型必须忠实地代表可以被结构化的东西（有时称为“真实世界”对象）。因此，用于定义这些模型的正确的规则和概念是最精确地定义所讨论的对象（例如，传感器网络或客户网络）的。

在构建处理和提取模型的过程中，有一些关键技术被许多不同的工具使用。不幸的是，许多数据解决方案供应商不会共享术语，有时候流行语会有多个称呼，增加混淆性和感知到的复杂性。有一些非常基本的技术构成了更为高级的数据分析的基础。虽然很难列举出所有的技术，但这些术语提供数据分析处理中使用的一些主要算法的基础。

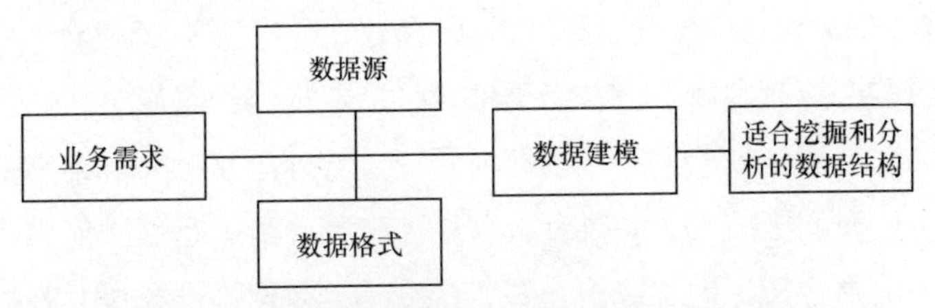

图 11.1　业务驱动的数据挖掘和分析的高级流程

关联规则（或关系）　这是大多数人在考虑模式识别形态时会立即想到的。这种技术仅允许数据科学家通过探索两件事情之间的相互关系来识别模式。它支持一些业务功能，如营销、库存管理和客户关系管理，需要各种信息。使用关联模型将零售产品和可以获得家电负载信息的客户关联起来，例如显示即将出现的压缩机故障迹象的空调，如硬盘启动或电动机过载。该电力公司可以将设备的行为与维修或新设备的需求联系起来，为客户提供服务或折扣，以鼓励他们在设备突然出现故障时对其进行维修或更换，同时，为更高效的替代品提供了机会。基本上，使用关联规则有助于找到可用于交叉销售、根本原因分析和缺陷分析的规则。

分类　这也是一种非常熟悉的技术，分类是一种用于通过描述其属性来生成分类特定客户、项目或其他对象概念以达到分类的目的的方法。描述汽车（有多少车轮、座位等）是经典的例子，但比较实用的是孩子们玩乐高积木的例子。他们有想要建造的结构，但前提是他们需要知道他们有什么样的积木。因此，他们根据各种特征（通常是积木的大小和颜色）进行排序，以评估其可用资源。这个例子显示了分类结果如何被应用到其他技术，特别是聚类中。一般来说，分类通常用于帮助人们非常快速和简单地预测结果，使用基于条件概率和评分的算法。

聚类　聚类用于识别自然分组，创建组合，毫不奇怪，特定类中的成员比其他类中的成员相似度更高。聚类也用于基于最近邻数据的更复杂的分析。最近邻是基于以下概念建立身份的一种形式：如果某个结构与同一个类中的其他结构共享属性，则它们可能共享其他属性。任何情况下分类可从聚类分析获益，而不需要与任何其他已知模式完全匹配，不仅对识别数据模式，还对识别新的先前未检测到的聚类关系也是如此。

决策树 决策树是模拟测试和结果优势的图形，可能包括机会、成本和有用性。这些图形很容易理解，但是当不确定价值或许多结果联系在一起时，它们可能很快会变得相当复杂。决策树分析是资产管理的基础，其中基本问题是修理、翻新、更换甚至扩大。如果没有分析，资产决策就是基于使用“过期”的惯例或经验法则分析，这意味着一些资产在其有效期内会被过早替换，或者运行失败，很难进行优化。一个决策树可以用来考虑风险加权的经济成本、条件、业绩、业务风险以及所有这些因素的相互作用。尽管最基本的模型可能实质上是定性的，但电力公司中的资产管理应用受益于复杂的建模方法，即考虑将干预与目标相结合，而不是为避免事件或消极的场景。

特征选择 特征选择通过组合现有属性产生新的属性。特征选择的一个重要方法是主成分分析（PCA），它有助于发现高维数据中的模式。PCA 是一种统计分析方法，揭示了某些数据集的内部结构，有助于解释数据的差异。

序列模式 序列模式分析是指使用应用于长期数据集的算法来识别相似类别的趋势或重复事件。由于它能够检测事件、识别异常并进行预测，因此，选择出序列模式的能力对战略决策应用来说是非常有价值的。这种分析与时间序列数据分析密切相关，因为这两种方法都会检查序列中提供的离散值。故障预测是序列挖掘的另一个有趣的应用，它在检测系统故障中通过识别事件或相关事件的集合发挥关键作用，用于预测系统中的环境和时间感知。

11.4.1 当更多不总是更好的时候

大数据支持者几乎一直认为，通过允许数据为自身说话，更多的数据胜过更好的算法。更多的数据几乎确实会提供更大的预测精度的机会，但是这种观点过于简单。大数据技术的瓶颈不在于通信延迟、处理器缓慢或硬盘抖动。硬件和存储范例已经有了很大的改进，数据分析师面临的真正问题是找到正确的软件，这将有助于理解数据的意义——特别是在所有数据中应该分析哪一个数据，以及应该如何分析它，以使之有意义。数据的提取和处理的方式一定要适合算法，以实现运行更多数据的好处。

一个典型的例子是 Google PageRank 算法。早期的搜索引擎处理网页的文本，以产生搜索结果。1998 年，Google 稍改进了传统的算法，以超链接的形式考虑附加数据，并给予超链接中的文本与页面标题几乎一样大的权重。这不是算法的智慧，而是一个非常重要的概念：从不同的源添加更多的数据通常比设计一个新的算法更好。然而，也要有一个临界点，其中大多数的数据被噪声所淹没。简单地想想你的大脑在谈话中如何工作，我们中的大多数人在谈话中摄入许多输入，包括对我们说的话、气味、肢体语言和面部表情。如果我们尝试记住每一个字，因为我们认为这是唯一重要的数据，那么我们的算法就会过滤掉其他重要信息，而这些信息将有助于我们针对事实甚至关系本身进行判断。仅处理来自谈话中的言语将不会使理解互动的整体环境变得更容易（这将是真正的海量数据）。然而，只要能够将话语与情绪和交流的其他方面联系起来，就能构建有意义的理解。类似地，通过大数据值提取，该算法旨在通过绘制许多数据点之间的关系来增强对数据的理解；这不仅仅是原始的比特优势。

11.4.2 提升性能

虽然现在有很多供应商会争论这一点，但似乎很清楚的是，大数据的许多方面都会削弱传统的流程和工具。大数据分析增加了计算的重要性，基于结构化查询语言（SQL）的算法通常是不灵活的，并且只限定于一个特定平台，阻碍了新数据和工具的快速演进和集成。在寻求正确的解决方案时，基于业务问题和手头的数据，利益相关者必须寻找原始速度、向外（不是向上）扩展的能力、功能性、与其他应用程序和系统的兼容性、易于管理的平台以及简明性，简明性是最重要的。但是有一个重要的警告：没有技术解决方案，尤其是像 Hadoop 这样的开源软件——仍然会停滞不前。变革是不可避免的。

11.4.3 Hadoop：专门为批量数据服务的平台

在第 10 章中，我们介绍了用于存储和聚合大数据的 Hadoop 和 MapReduce。但毫不奇怪，鉴于创新和技术发展突飞猛进，初期的 Hadoop 可能不足以和受限于应付多种形式的数据。这个事实可能将迅速改变，但创新的速度可能会导致电力行业处于瘫痪状态，人们正在试图对如何开展数据分析项目进行复杂的选择。

是的，现在使用 MapReduce 处理是有限制的——目前来讲，它是批处理，而许多客户需要流处理。Hadoop 2.0 大体上具备可用性和稳定性，它以其新架构标志着从单一聚焦于 MapReduce 向其他处理模式扩展，MapReduce 不再是低延迟处理快速数据流算法的首选。这些算法对于电力传感器数据分析特别有用，电力传感器是智能电网的核心。事实上，2010 年，Bill McColl 博士（Oxford Parallel 公司的创始人）表示："像 MapReduce 和 Hadoop 这样的批处理工具在大数据空间的任何一个维度上都不够强大……Hadoop 对于'尴尬并行'的简单批处理任务非常有用，但目前大多数公司面临的大数据任务的困难要复杂得多。"[92] 当时，McColl 显然没有预料到 Hadoop 中的流处理能力。传感器和机器数据处理现在是一个广泛的现实，似乎解决方案已经被找到了。

但是，在证明 Hadoop 可以处理流数据以前，MapReduce 的主要 Hadoop 编程框架是它的主要风格，这种风格代表了处理数据的一种形式，这种形式根本无法解决每一个可以被考虑到的问题。即使在 Hadoop 分布式文件系统（HDFS）中存储较小的数据集具有经济上的优势，但与其他应用程序相比，处理较小的数据集实际上更慢。Hadoop 最适合使用 MapReduce 处理大量的数据。目前，在运行文件很大且很少有更新或附加的情况下使用 MapReduce 才有意义。例如，在客户服务操作中使用 MapReduce 并不是一个很好的选择，它将会大量更改相当受限的数据集。另外它非常适合通过分析查询的命令来发现最相似的用户的消费模式。类似地，Hadoop 在依赖于快速处理少量数据的网络环境中具有有限的价值。

在电力公司的环境中，理解 Hadoop 的适当用例很重要。在大电网数据的世界里，大部分信息是以异步方式和各种格式传输的，而批处理过程选择静态文件，如 Hadoop（无论你能做多快），可能很长一段时间不是流式传输数据的正确范例。Hadoop 是非常强大的，但炒作更让其如虎添翼。这取决于电力公司利益相关者决定 Hadoop 最适合于企业内部的哪一块，以了解可以支持哪些分析功能，不支持哪些分析功能，以及它是如何继续作为一种技术发展的。

---

[92] Bill McColl（2010），"超越 Hadoop：下一代大数据架构"《纽约时报》。

11.5 流处理

流处理是一个编程范例，是整个大数据提取过程的关键，因为它支持动态数据分析——这意味着信息到达磁盘就可以访问数据以获得价值，并找到数据点之间的关系。这种形式的数据处理与计算上集中的应用程序相匹配，并且远远能够满足从数据源连续馈送到数据消费者的数据需求。如果企业有业务要求，在结构化和非结构化形式到达时快速分析测量数据和事件数据，则流处理是获取这些实时洞察的最佳方式。

不同于使用数据流管理系统（DSMS），数据库分析师对数据执行一些查询，使用常规数据库管理系统（DBMS），对易失性数据流持续执行相同的查询。具体来说，DBMS 假设数据是准确而精确的形式，而 DSMS 被设计为假设可用数据可能过时甚至不准确，并在这些缺陷存在时依然适用。DSMS 是数据驱动的，这意味着只要新数据到达系统内部，查询将产生新的结果。

11.5.1 复杂事件处理

在电力公司内部众所周知的关于流处理的一个示例是复杂事件处理（CEP）。CEP 是一种事件处理的形式，它结合了多个数据源来检测事件或情境模式。

想象一下，在科罗拉多州博尔德市中心，一个寒冷的星期四晚上，站在一条街上。你听到熟悉的“生日快乐”的曲调从餐厅有蒸汽的玻璃传出来。在歌唱结束的时候，你会听到鼓掌声、欢呼声和吵闹声。这时，你清楚地确定某人刚刚一岁了！为了确定这一点，你分析了各种输入并将事件相关联以执行事件模式检测的个人行为；这就类似于 CEP（有时简称为事件流处理）为电力公司所做的一件重要事情。

CEP 分析来自智能电网上各种分布式系统的数据流，其目的是将数据组合起来以推断可以提示发生事件性质的模式。CEP 的最佳使用是分析在时间上连续统一的历史时间序列的数据或一次连续的流数据。许多系统也被设计为在需要根据实际的市场条件采取行动时，自动触发对由 CEP 所得出的结论的响应。

在电力业务的背景下，CEP 有以下 3 个基本用例。

1. 通过已知事件模式识别危机情况。

2. 检测可能带来新机会的信号。

3. 检测和识别重要的变化条件。

对监控和数据采集（SCADA）网络系统状态的监测和检测是 CEP 针对电网管理的关键应用。但是，还有其他更令人惊讶的应用程序，包括从 CEP 中获益的需求响应（DR）。一个用例是对来自商业建筑物的数据的传感，其中 CEP 应用可以检测断开的设备和电表、在事件期间超越程序阈值的行为，以及在 DR 事件之后和在 DR 工作流程的测量及验证（M&V）步骤期间的不合格削减。

事件驱动的系统对于电力公司来说并不新奇。然而，数据分析的进步和能够负担得起的处理成本正在提升处理业务问题和把握机遇的能力。能够快速将规则应用于由 CEP 技术提供的流中的原子事件，这为技术提供了持续的增长轨迹，该技术可以很好地满足任何类型的监控系统，从电网模式处理到金融贸易应用。

11.5.2 过程历史数据库

当涉及数据时，一定会碰到过程历史数据库。过程历史数据库，有时被称为运营或数据历史数据库，是一种端到端的解决方案，用于管理实时数据收集、归档，以及在集中系统内将具有实时和历史观点的基于时间的过程数据分发给整个企业的用户。因此，在单一平台上，历史化、搜索、分析和访问的能力是独立的。过程历史数据库旨在捕获和管理发电厂信息，包括状态、性能、跟踪、压缩、安全性和呈现。这些设备的发展早期主要集中在发电厂的运营上，但是随着人们对整个流程的运营和实施效率的兴趣日益增加，这些系统现在是时任的解决方案，将其数据从各种数据源和控制网络分发给企业内的各种信息技术应用。

显然，如果绩效优化和数据分析可以依赖过程历史数据库，就能获得更多的好处；然而，从数据分析的角度来看它也有缺点。电力公司中的主要系统集中在关键绩效指标（KPI）上，因此，比真实的数据科学应用更注重指标和合规性。但解决方案供应商正在进行调整和合作，以帮助驱动行业所需的各种分析，支持运营管理和进步。这些解决方案的持续成功将使它们能够扩大合作伙伴生态系统的范围，以帮助鼓励整个企业内部协同使用运营数据，而不是只局限于用于运营系统。

11.6 避免非理性繁荣

随着电力公司决定如何最好地利用激增的数据的相对未开发的资源，人们对大数据的兴趣和热情正在增长。不幸的是，Hadoop 和其他数据框架的实施和部署正在获得投资，而大数据战略则不然。再加上日益增长的实时交付分析和预测，到 2015 年，有成果的数据分析将取决于成功实施数据操作的能力。[93]IT 人员在相对较小的数据集上实施 Hadoop 进行测试和验证，他们可能正在使用错误的工具来解决问题。

电力公司面临着采用大数据工具的压力；然而，情况可能依然令人困惑，以至于有些人在评估阶段的进展非常缓慢或花费大量时间。大多数电力公司管理者不精通 IT，因此不能完全轻松了解大数据分析对企业的需求。这需要一些技术支持，包括选择满足用户需求范围的应用程序和工具。

下一步

■ 确定电力公司内部感兴趣的高价值领域。

■ 寻找同行和案例研究，说明同行和其他电力公司如何应对这些大数据问题。

■ 请求供应商展示其优势和挑战；总结这些发现。

■ 确保你的方法考虑多个选择和供应商，最适合满足采购数据特征和用户需求。

■ 规划未来需求。

[93] 英特尔 IT 中心。(2012)，同行研究：大数据分析。英特尔 IT 中心 | 同行研究。

CHAPTER 12

第12章 电力公司的展望

宇航员埃德加 · 米切尔（Edgar D. Mitchell），阿波罗 14 号月球模拟飞行员在舱外活动期间跨越月球表面读取地图（资料来源：NASA[94]）

12.1 章节目标

如果电力公司因为所提供的信息没有意义而无法在日益动态的环境中做出

[94] 从公共领域检索的图像。

更好的决策，一个分析程序的商业价值就会严重贬值。本章介绍了数据可视化的基本概念，并描述了可视化的方式，由于处理信息的方式，数据可视化可能是对“我们将要用这些数据做什么”的问题的重要答案之一。我们讨论的基础是有必要培养一种视觉素养，并了解何时结合可视化战略，以及如何在电力公司业务的各个方面都获益。

12.2 大数据的理解

可以说，能源交付的未来是关于创新和发现。作为驱动高价值行动的探索和数据交互过程，大数据分析是这一创新的基础。基于工具的可视化正在被快速推进，以支持此过程，并允许运营和业务用户将不同的数据源（通常称为“混搭”）整合在一起，以创建支持高度可定制和相关分析的自定义视图。此外，移动设备（如平板电脑、上网本甚至智能手机）现在拥有足够的板载显卡电源，可为企业内的多个用户提供直观的、基于可视化的数据挖掘工具。虽然数据科学家在为电力公司设计强大而准确的模型方面发挥了重要作用，但探索数据并得出可行的结论的能力正在变得大众化。事实上，如果得到合适的管理和保障，这种大众化就有可能降低经营成本，并推动创新。

然而，可视化本质上并不是有用的——事实上，它们可能会使人困惑和误导人们。电力公司需要整合可视化技术，而不仅仅是描述当前状态；它们必须帮助电力公司预测电网中的新兴情况，揭示引入新效率的隐藏关系，提供更强大的决策能力。

数据可视化策略是非常多样化的，尽管它们可能被调整为支持基础数据类，但最佳的可视化工具是帮助用户轻松掌握其数据分析主题的可视化工具。以下几个一般特征描述了一个全面的数据可视化工具。

- 处理实时数据流的能力。
- 支持多用户协作。
- 快速处理时间。
- 导出分析报告的能力。

其他一些重要的功能可能是能够访问移动设备上的一些信息子集、触觉优化（尤其是针对劳动力的应用程序或运营商），以及管理功能——这些功能对于电力公司是重要的——为数据链接和用户对数据的操作提供一系列的保护。

电力公司中的大数据分析将为整个企业和所有电表终端服务——从业务和运营到客户、服务、现场运营以及能源消费者。

12.3 为什么人类需要可视化

大数据行业究竟是如何提供大数据，实现前所未有的发现、协作和探索承诺的？可以肯定的是，要相信那些是伟大的承诺，当然可以。那么我们如何实现目标，得到这些见解，并理解我们需要的所有信息，以便做出更好的决策？

在本书中，我们试图为重要术语提供真正的定义。而可视化就是宇宙中一种新的方式。这听起来确实不是很准确，但我们只需要考虑古希腊人的智慧来认识这个说法的简单性。这就是，作为人类我们在醒来的每时每刻都在进行可视化。我们使用形状、大小和位置来分类信息。亚里士多德在关于逻辑的分类中发现的逻辑主题的文章记载在他的收藏 Organon 中，他说：

> 没有组合的事物，每个都表示下面任何一种：（Ⅰ）实体……（Ⅱ）数量；（Ⅲ）性质；（Ⅳ）关系；（Ⅴ）地点；（Ⅵ）时间；（Ⅶ）姿势；（Ⅷ）状态；（Ⅸ）动作；或（Ⅹ）遭受。（目录号 1b25-27）[95]

分类确实是许多哲学方法的基础，特别是在科学领域，我们追求通过某种可理解的分类理解我们的复杂宇宙的能力。一棵成熟的树，它有根、树干、树枝、叶子和果实。一棵树有它的内部顺序，这是我们最实用、表达信息的方式的基本结构，包括分层描绘和图形叙述。分类仍然是理解复杂系统最可行的方法之一，我们从“根”开始建立，并且扩展到“果实”。

但不幸的是，我们的世界并不像一个树结构那样非常有序，任何曾在电力公司检查过电线、传感器和设备的人都知道这一点。相反，当我们积累更多的

[95] Christopher Shields（2008），“亚里士多德”，斯坦福大学哲学百科全书。

智慧并整合新的发电形式时，我们会发现一个不那么整齐集中、有组织和可分类的结构。尽管我们非常希望电网不再是这样工作的了，而且这个现实对于电力公司利益相关者而言就像一个泥潭，他们试图做一些像平衡负载一样简单直接的事情。确实这是一个事实，随着电网层级顺序的降低，树状结构逻辑正在消失。

走向边线

从我们容易理解的树结构转向接受可视化的需求和价值带给我们所谓的“七桥问题”。据说，在普鲁士（现在是俄罗斯的一部分）的哥尼斯堡，这里的城镇居民有一个用于消遣的难题，即是否可以穿过城镇，参观村庄的每个部分，但是只能穿过每座桥一次。从图 12.1 所示的地图可以看出，哥尼斯堡跨越了普雷格尔河两岸（该镇在第二次世界大战中被炸弹摧毁），其中包括两个大岛屿，7 座桥梁交叉穿过了这座城市。当时，一位名叫 Leonhard Euler(欧拉，1707—1783）的瑞士数学家在德国柏林学院工作，1736 年，那里的人们向他提出了这个问题。规则是，每座桥只能完全走过一次（不能折回，不能中途横穿），但不需要在同一地点开始和结束。

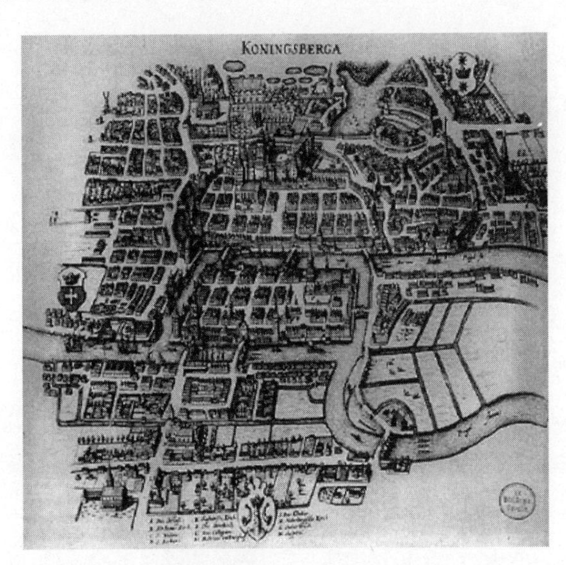

图 12.1 产生 Königsberg 七桥问题的地图（Meri-Erben 的 Königsberg 地图，1652[96]）

[96] 来自维基检索。

Euler 意识到，试图列出所有可能的途径将太耗时，并且也许是不可能的，所以他仅抽象地考虑问题中的陆地和桥梁。现在我们称陆地为“节点”（或顶点）和称桥梁为“边线”，其结果引出了“图论”这个基本词汇。通过采取欧拉式走路——节点和边线图，我们知道“连接”信息是唯一与此问题相关的方面，可以从这种新的拓扑结构中解决问题。因此，借助图形，对于在边线上输入的每个节点，它必须被另一边线保留。所以，为了解决哥尼斯堡问题，人们进入非终点的陆地的次数必须等于离开走过不同桥的次数。如果每座桥已经完全穿过一次，那么这些陆地的每一块都必须具有偶数座桥（来来往往）。然而事实并非如此。那么对于桥的问题的答案是不是令人失望呢？不。

为什么 Euler 和图论的起源对我们现在的话题很重要？因为它们帮助我们理解，无论我们面临的组合问题如何复杂，都可以被抽象出来，这使人们可以基于节点如何相互连接（非常基础的网络科学）来解决极其困难的数据问题。通过在空间上观察节点关系，以不受节点本身的形状或大小影响的方式，我们过滤掉不相关的信息，这些信息使人类的认知提升。基于一个根源问题，Euler 解决问题的方法目前使我们能够开发非常强大的模型，使设备能够预测和优化各种类型的网络系统，包括互联网、电信网络、电网和社会心理系统。

12.4 人类感知的作用

提取解决问题所需的重要信息（如 Euler 用图形回答哥恩斯堡七桥问题时所确定的）是构建支持人类感知的可用界面的一个非常重要的概念。虽然不是直接离散数学的应用——像图表——一个成功的可视化工具将通过聚焦于关键领域的需求，使用方法来满足人类可视化系统的需求。这可以用 Euler 所采取的方法精确地完成，即通过忽略地形或桥梁的长度来发展他的方法论。

可视化构造如此有用的原因是它们可以最大限度地提高大脑的效率。很简单，我们可以很快地看到事物，但是当我们必须思考（认知）它们时，需要更多的时间。因此，大数据的可视化提供了快速全面了解底层数据的机会。有时，甚至可以简化数据，而不会破坏消息中的关键值。如何产生有用的可视化工作和工具是一门爱好各种线条的人的学科，尽管方法几乎总是相同的。为了从数据中获得理解，我们必须清楚底层数据的特征，以及使用正确的方法来使底层数据可视化以获得最大的有效性，并确定将数据映射到视觉表示的规则。[97]

图形可视化实际上不过是传达信息的系统，这个系统试图使工业设计师、计算机科学学家、政治学家、认知心理学家、人类学家、统计学家和艺术家的投入正常化。幸运的是，设计原则构成了如何通过整合数据来创造一个有用、避免歧义、整体驱动正确感知的基础。这些原则中的许多来自我们现在所知道的大脑如何处理视觉信息的情形。

前注意处理

研究人员多年来一直研究前注意处理以试图了解人类如何分析图像。随着大数据可视化的兴起，这一领域再次成为一个吸引人的领域。通过可视化处理系统可以非常快速、准确地检测出某些视觉特性。这些前注意的任务完成得很快——不到 250ms 的时间——它们可能被认为是“直观的”。仅在上下文中，单眼运动可能需要 200ms 的时间才能启动，但即使在这样极短的时间内，它也可能很容易聚焦一个人的注意力。[98]

考虑一下图 12.2。确定在其他圆圈组（称为牵引力元素）中存在一个更大的圆圈，这是毫不费力且很可能是一个瞬间的行为。较大形状的圆圈的独特属性使它从图片中的其他元素中“弹出”。如果有两个圆圈共享了较大的圆周的大小，那么它们将立即变得不统一，并且不会被前注意检测为共享目标，尽管你可能已经注意到有两个独特的对象。显然，如果在数据可视化中使用图形属性，那么可以适当地吸引用户对显示的关键领域感兴趣的注意力，从而将会减少干扰、混乱的机会，并且提高理解所展示内容的影响的速度和效率。

快速浏览

在评估和选择大型数据分析程序的可视化分析工具时，了解前注意力至关重要。这在操作环境中可能尤为重要，在这种情况下，图形特征之间的区别可

---

[97] Jessie Kennedy（2012），信息可视化原理教程——第一部分：设计原则，信息与数字创新研究所，爱丁堡纳皮尔大学。

[98] Christopher G. Healey（2009），北卡罗来纳州立大学计算机系，可视化感知。

能会使用户困惑和混乱——甚至变得完全无意义——让运营商去做比依赖文本数据流和简单报警更有缺陷。一些用户界面设计者将“前注意”的预留信息称之为“快速浏览”，或可以一目了然的信息。

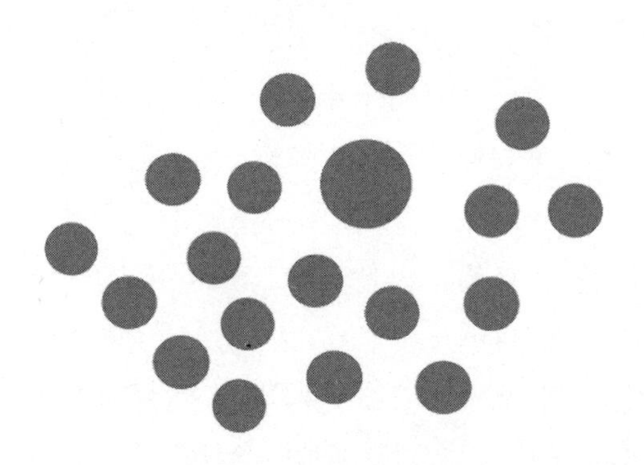

图 12.2 尺寸属性对于前注意处理能力的图示

前注意特性或图形设备包括：

- 颜色
- 取向
- 照明方向
- 尺寸
- 关闭
- 曲率
- 长度

特性可以以各种各样的方式和背景来应用，这些方式和背景可以利用这些不同的处理任务，通过采用以下技术对图形元素进行编码。

- 位置
- 长度
- 角度
- 连接
- 坡度
- 区域
- 形状
- 密闭度

- 密度
- 饱和度
- 色度
- 运动速度
- 运动方向
- 纹理[99]

在一瞬间，大脑执行一些处理任务，完全取决于可视化特性的安排，包括：

- **目标检测** 在选择错误元素的领域中独特的可视元素可以快速检测其存在或不存在；
- **边界检测** 通过创建集合或一组共同元素，其中每个组具有相互的可视属性，在各组之间创建自然边界；
- **区域跟踪** 当一个或多个可视元素本质上是独一无二的时候，它们可以随着时间和空间的改变被快速跟踪；
- **计数和估计** 此任务可以组合任意数量的可视化特征中独特的元素，这些元素可由用户进行计数或估计。[100]

如果可视化成功，则将重点关注正确的信息。如果没有控制前注意处理，那么重要的信息很可能会被忽略，从而产生潜在的错误，并降低用户对系统可用性的信任。

作为各种图形设备的影响的示例，图 12.3 显示了完全相同的数据的两种不同描述。左边是一个非常简单的示例，创建边界检测的分组以显示 2010 年对于年龄在 55 岁及以上并被电力公司劳动力雇用的人员全国平均水平（约为 1/5）。[101] 将此图与右侧的饼图对比，右图使用统计图而不是信息图，一目了然，很显然信息图形虽然可能更具视觉吸引力，但并不能很好地显示出比例，也没有显示出 20%的劳动力处境危险的影响。这里关键不在于诋毁信息图形描述，而只是为了显示通过视觉大脑提供给我们的东西进行估量的速度有多么快，以及视觉

[99] 肯尼迪，见注释 97。

[100] Healey，见注释 98。

[101] 约书亚 · 赖特（Joshua Wright，2010），“数据聚焦：1/5 以上的电力工作者达到退休年龄”，国际经济建模专家。

设计师手里掌握多少权力。

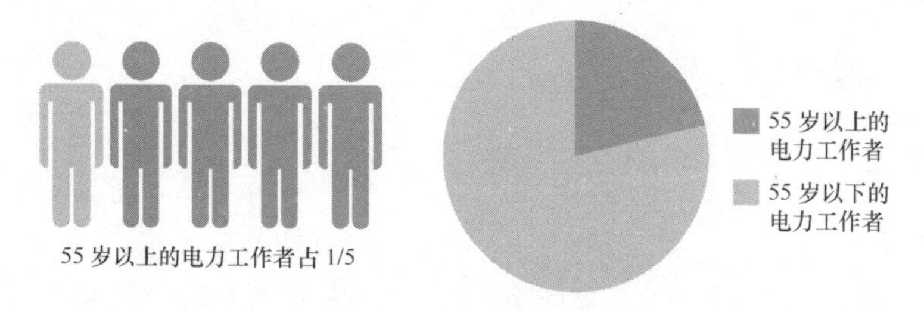

图 12.3　与相同数据的饼图相比的色度和边界检测技术

使用前注意特性只是视觉设计者挖掘人脑功能进行最佳信息传输的方式之一。

12.5　可视化的电力公司

使用可视化作为数据分析的工具有两个原因：探索性或解释性。探索性可视化在数据分析领域中具有最终的价值，它们有助于分析人员发现新的模式、识别出现的趋势，或者寻找需要进一步探索的微观问题。这种类型的工具对于数据集的分析特别有用，但可能未对内容的含义有深入地了解。在运营背景下，探索性分析必须高效和能提高效率；它们在探索运营数据流来处理资产问题等方面也非常有用。解释性可视化主要用于通信而不是真正用于分析，可以与探索性技术结合来传输关键部分信息，甚至是数据的特定视角。当需要快速、准确地告知数据的时候，它们是最有价值的。

一些大型数据供应商有可能将可视化与其产品相结合，尽管它们有时似乎尽力避免彻底和深入地研究设计原理。看到奇怪的颜色组合、分散注意力的动画和无偿图形并不罕见，这实际上增加了理解所呈现内容所需的时间和精力。事实上，这个问题已经被深化，有一个专门致力于不良可视化的网站，用幽默的态度看待这个问题，并且有许多书籍是关于如何使用地图和信息图表的主题。然而，在可以解释生命或死亡的操作环境中，或者在做出昂贵的决策将对业务的可行性产生实质性影响时，数据转换可能会造成严重后果。

奇怪的是，这些数据可视化应用程序中最令人震惊的违规行为是显示我们已经知道的信息。它是冗余的，没有增加任何价值。有一个例子是度量标准每天都略有变化的仪表板，但通常是在可以做出响应的点之后。事实上，如果发生了什么戏剧性的事情，例如风暴引起的重大断电问题，我们在坐下来观看日常执行的仪表板之前就知道。相反，分析的真正价值在于找到一个新发现的观点——如果我们有机会发现新的行动方案，发现我们不知道但是应该注意到的事情，那么真的应该知道。这是可视化的职权。

当涉及复杂的大量数据时，分析运转中或未被预处理或合理化的数据的能力需要这些数据的用户快速识别异常现象和异常值，这些异常现象和异常值是潜在故障的预兆，或者其他负面的机制和业务影响。一个字符串可能显示为红色，另一个可能被标记为 #REF！数据表不会实现这一点，但视觉隐喻将会把用户直接引导到重要的信息和潜在的影响中。

许多供应商开始将强大的可视化功能纳入到它们的产品中，而另一些供应商仅仅关注可视化工具。在加利福尼亚独立系统运营商（CAISO）中成功部署其地理空间和可视化分析应用程序，最著名的公司是 Space-Time Insight（时空洞察）。该公司专注于提供情境智能，并提供一个在运营环境中使用前注意线索传达关键信息的良好示例。

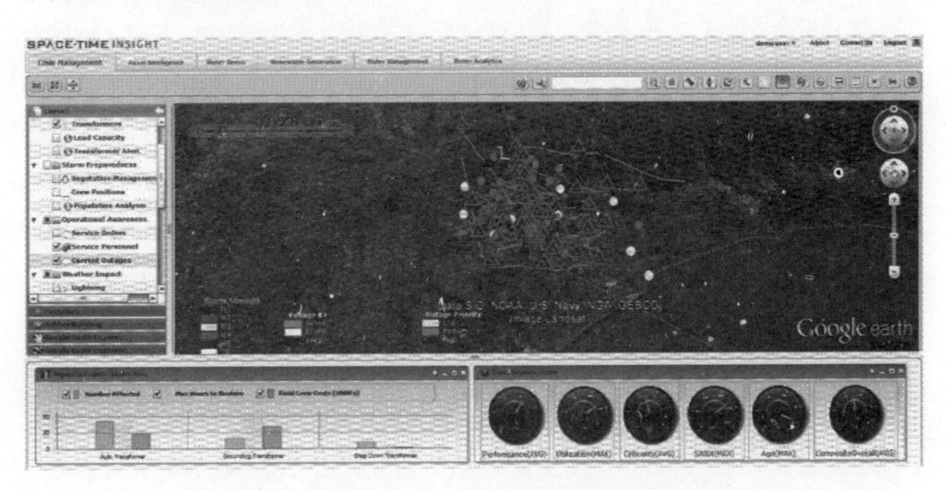

图 12.4　利用前注意特性进行危机管理可视化的例子

如图 12.4 所示，多个数据源在一个单一接口中进行关联、分析并呈现给用户。

在这种情况下，操作员正在查看危机管理信息并查看处于风暴中的变压器（由三角形表示），由地图底部的线描绘，圆圈表示相关的断电。左下方的图表显示受影响的资产数量、恢复电力的估计时间，甚至与恢复电力相关的成本。屏幕上的表盘显示与地图上显示的重要资产的性能和利用率相关的各种因素。这些风险测量中的每一个都是从不同来源的多个变量中得到的。尽管其外观简单，但在一个单一的屏幕上以可浏览的格式表示数据是大量的。

可视化技术可以在单一显示器上共同使用。每一项技术都有帮助底层数据传达有意义和可理解的消息的作用，即使底层数据点的数量可能是数百万的，并且几个数据源可能被混合以提供完全不同的数据类别。作为可视化最重要的先驱者，爱德华 · 塔夫特（Edward Tufte）确定了许多图形元素可能出错的方式，特别是指他称为“谎言因素”的一个很常见的问题。具体来说，这个因素是一个描述特定图形的大小与数据中实际存在的作用大小之间的关系的值。这意味着图形是大大失衡的，并且过低或过高表示事实的真相。有可能严重误导操作人员，最佳的可视化工具将避免出现意外的“谎言”和过多无意义的元素。

12.5.1 推进商业智能

当考虑商业智能（BI）时，大多数人会立即想到著名的 BI 仪表板。这些仪表板通常是报告门户，尽管出现了允许进行迭代探索的类似仪表板的工具，并且能够将实时数据与历史数据进行混合。这些功能有助于扩展仪表板信息试图讲述的故事，允许测试各种场景，以推动有关未来业务规划的新结论。通常，这些数据分析工具依靠统计分析，并纳入所有各种分析类别，包括描述性、诊断性、预测性和规范性分析。

在仪表板这些拟真式的许多优点中，电力公司利益相关者可以快速估量重要的智能电网系统，包括测量随时间变化的系统性能的能力；做出最大限度地利用资产的决策；预测能力；检测非技术损失；跟踪需求侧管理（DSM）编程、合规性因素和其他指标的有效性。尽管对数据分析驱动型商业智能有强烈的兴趣，但广泛使用这些工具的运动充其量只是渐进式的。新兴的仪表板和门户正在与标准业务应用程序集成，致力于通过可视化工具、建模应用程序以及高级规则和业务逻辑配置特性来增强传统功能。

随着收集、处理和存储大数据的成本开始下降，电力公司中的孤岛崩溃，能源供应商将开始看到数据分析驱动型 BI 领域的重大进展。尤其在电力领域，BI 数据探索技术必将开始并入实时流事件数据。最大的转变是，这些系统的用户基本上将是智能发现的作者，不再被提供预先预定的事件版本。然而，这种转变完全取决于企业提供不同形式的数据、管理它们、消除电力公司如何将这些数据传递给用户的各种疑惑。完全转型需要几年时间，但 BI 正开始从以报告为中心的 IT 焦点转向以数据分析为中心的用户焦点。

12.5.2 高影响力的运营

电网分析由许多数据类组成，包括状态、事件、信号、消耗和工程数据。因此，在分析网络数据进行更智能的运营时，许多电网组件（如智能电表、配电资产、传感器、控制设备、智能电子设备（IED）、通信和应用数据）——必须以一种允许控制中心运营商了解源数据、相关分析和被领会的下一步操作的方式展现出来。在运营领域做到这一点的最好办法是通过使用放置在地理信息系统（GIS）和拓扑环境中的隐喻对象，特别是在需要实时响应和高影响预测时。

电力公司快速预测的需求在很大程度上受到正在对现有基础设施投入巨大需求的城市爆炸性增长的驱动，因此，它们在努力最大限度地利用尽可能多的可用数据以改善运营成果方面取得了重大进展。电力公司就像智能城市一样，必须将现有的数据库与传感器信息结合在一起，以便可以随时可靠地了解当前的情况。但是，正是可视化系统提升了电力公司的运营，以符合国际、地区和地方的运营标准。由于电网运营商承担广泛的责任，它们不仅仅要能够了解当前的环境，而且必须准确地预测新出现的问题，才能做出适当的反应。

考虑到过去 50 年来北美的每次重大断电，一个共同的说法：“我们没有意识到”。随着随机发电技术由智能电网启用，以及被民众和监管机构所要求，预测的不确定性和缺乏预测问题的综合数据将增加做出适当控制决策的难度。诸如数据分析和基于探索的数据分析等工具不仅帮助运营商了解现有情况，还可以了解潜在的情况。

为了实现这一目标，运营正在朝着在其生态系统中使用最高级分析技术的方向转变，扩张现存的报告，但主要是集成强大的可视化功能。通过使用高度直观的用户界面，这些运营对快速检测故障和电网异常有直接的好处。随着组织边界开始在电力公司中消失，电网数据将被存储，用于传统数据存储中进一步的历史分析，传统的数据存储用于数据趋势演练、资产利用研究和电网相关事件的后期处理，以供进一步探索。

12.5.3 提高客户价值

如前几章所讨论的，客户分析的世界正开始在电力公司内部合并。客户分析应用程序既为客户又为客服代表服务，客户肯定希望电力公司能够与客服代表一样访问相同的信息，甚至是以相同的表现形式。越来越多的电力公司正在向具有互联网功能的智能手机客户需要的自助服务模式转变。当停电时，客户想要报告断电信息、查看受影响地区的地图、确定天气对其区域的影响，并获得合理的估计恢复时间——所有这些都是通过他们的手机，通常情况下电池仍可充电和有可用的蜂窝服务。此外，电力公司依靠高级分析和各种数据源的混搭来剔除非技术损失的原因、识别负载模式，并为住宅、商业和工业（C&I）类客户实施需求响应计划。

随着客户和电力公司之间的障碍开始减少，电力公司在每月一次的账单接触之外有机会定期与消费者进行互动。例如，该电力公司可以与市政当局、机构和个人消费者合作，以促进节能、就能源使用以及它如何影响每月账单进行交流，提供定制的方案和服务，并降低高峰需求。虽然智能电网能够实现双向电力流动的技术基础，但其数字基础设施也为电力公司和越来越多的客户带来新的信息途径。

正是这种信息的用途，受到分析主力的支持，使电力公司能够将其自身转化为服务实体（如果需要）。现在，电力公司仅在依赖金融交易的账户的背景环境中处理客户。可访问的信息是努力实现高水平服务和满意度的关键，这将使电力公司不受损害甚至建立信任。

随着能源消费者对其抑制能源使用的需求变得更加敏感，对工具和信息的需求将会增加，从而使他们能够执行自己的分析。电力公司还可以通过展示信息和交互式界面来调整这些系统，以实现监管和业务目标，这将有助于激发行动。规范性反馈也被证明是一个非常重要的能源效率和保护工具，因为当消费者学习如何与同行进行比较，或如何促进减少温室气体排放时，有可衡量的反馈。电力公司现在正在尝试许多模式——家庭显示器、纸质报告、门户网站、智能手机应用程序和智能恒温器。在这个市场的中心，碎片化对于吸引消费者并促使他们采取行动来说是一条不明确的道路。这将有可能进一步动摇主要行业参与者开始进军清洁技术、获取技术和巩固的工作。

客户分析也是一个在成功的客户服务运营中不断增长因素，包括 DSM 计划。可以说，电力公司拥有的最重要的资产之一是其客户数据，因为将客户数据与其他来源进行聚合和组合的分析程序不仅可以快速识别、确认和更正客户问题，而且可以报告电力规划的所有方面。智能电表分析结合增加数据测量和收集频率的优势，使精确定位服务成为可能、提供有针对性的产品和服务，并减少失窃。

即使使用智能电表，收入损失仍在困扰着电力公司。高级传感器技术开始兴起，帮助电力公司逐步建立自己的方式，以确定非技术性的损失，并且当根据不断增长的损失的大小进行衡量时，这些数据的监测和管理非常具有成本效益。同样的数据也可以支持业务流程来帮助面临信任问题的客户、管理订单、追款、提供客户关怀，甚至使监管风险最小化。所有这些功能都支持持续的收入来源，并通过智能电网提高利润率。在每种情况下，必须分析数据并将其提交给分析师、运营商和业务用户，以定义适当的操作和响应。

具有探索性和拟真式工具的高级分析使电力公司能够组织客户数据，并将其转化为可操作的智能，从而提高服务、控制成本，并在呈现事件和视觉警报时提高响应性。随着时间的推移，数据大众化将随之带来分析的力量，客服代表和现场工作人员将有权力探索数据，以识别盗窃、改善服务和缩短恢复时间。另外，随着电力公司在数字电网的背景下推进自主改造，一定会改善整体客户关系。

12.6 实现这一切

数据可视化可以帮助电力公司了解大数据，以及一旦分析信息就可以传达信息。用大数据可以找到令人难以置信的价值，数据分析是提取它的方式。但是，如果不能找到或理解这些模式，它们将永远不会有任何意义——这就是可视化的关键价值主张：使其更容易理解。

尽管电网本身是由物理事物组成的，但大部分关于电力公司运营的信息都是非物理的，甚至统计数据在大数据领域也是抽象的。了解人们如何根据视觉特征来翻译这些抽象信息，需要密切遵守精心研究和精心定义的设计原则，以确保真正像俗话说的“千言不如一画”。

选择可视化工具时要记住的事情

- 技术发展迅速。该工具是由成熟的公司支持的吗？
- 该工具已经在与电力公司的建议用途相似的条件下使用了吗？
- 当前系统用户的投诉和关注是什么？
- 在摩擦和设施方面，现有的集成方式对用户上线有多容易？
- 它是在你为你的分析项目选择的平台上运行吗？

CHAPTER 13

第13章

变革伙伴关系

被称为世纪照片，这是 1966 年 8 月 23 日由月球轨道仪Ⅰ从月球拍摄的第一个视图（来源：NASA[102]）

13.1 章节目标

在最后一章中，我们将讨论电力公司要成为大数据、数据分析和使用大数

[102] 图像从公共领域检索。

据值得信赖的管理者有多么重要。这种管理方式是与客户建立关系的重要因素之一，电力公司与更可靠、优化和分布式电力供应系统合作，并希望与客户建立合作伙伴关系。未来的电力公司依靠相互合作的关系，通过合作来应对能源供应部门中不可阻挡的变革。

13.2 大数据带来重大责任

不是蜘蛛侠的本叔叔第一个注意到“能力越大，责任越大”的，[103] 而是伏尔泰先注意到的。尽管如此，当涉及大数据收集和数据分析的影响时，这种思考不太相关。有一些事情是电力公司不想面对的：公众的尴尬、可疑的消费者和法律负担。这些不是偶然的问题。由于使用或处理大数据，许多使用个人识别信息（PII）进行业务运作的企业很可能不得不应对声誉的损害。[104] 随着电力公司大数据计划的发展，出现了危险的困境。现在是电力公司领导者探索将大数据用于决策的意义的时候了，特别是当行业从普遍的高度管控模式转变为一个由高级分析技术驱动的优化模式之时。

大数据的影响能力是深刻的，它放大了建立价值体系的需要，特别是专门策划使用大数据分析来推动特定业务目标的领域。在电力公司中，响应定价和能源效率技术以及其他负载管理策略，都是使用信息来发挥某些影响的显著示例。它们没有办法：随着大数据分析的进步，电力公司将越来越多地了解曾经被认为是不能公开的个人行为，随着人们不断努力地发展，电力公司为了创新将会引入第三方数据，共同创造数百万数据点数据。然而，虽然大数据在道德上是中立的，但电力公司在实施业务方面所做的事却并非如此。

放弃所有希望，那么谁能实现它

我们如何解决收集数据分析和了解客户行为的需要，从而提高效率和保护

---

[103] Adrien Jean、Quentin Beuchot 和 Pierre Auguste Miger（1832），Voltire，Vol 48，Lef è vre。

[104] Frank Paytendijk 和 Jay Heiser（2013），“面对大数据的隐私和道德风险”，《金融时报》。

成果，同时保护隐私的基本权利？2012年，白宫披露了一个被称为《消费者隐私权利法案》的在线保护蓝图，强调了这个问题，并由奥巴马总统提出以下声明："创新是通过个人信息的新颖使用来实现的。所以，我们有义务做在历史上我们已经做的一切：将永恒的隐私价值应用到我们时代的新技术和环境中去。"[105]关于"永恒的隐私价值"是什么以及它们应该如何被编纂、实施并由电力公司管理的意见差异很大。然而，电力公司有许多工作要做，它们已经取得了长足的进展，这有助于就消费者保护的要求进行有意义的对话。

不幸的是，电力公司已经采取了对智能电表的强烈反弹措施，包括承担国内间谍活动的费用，许多电力公司开始认真看待隐私。这与一个社交媒体网站针对目标客户了解紫色牛仔靴的广告是一回事；而收集可以揭示家庭的日常生活、日常生活作息的变化的信息，以及家庭中的电器类型的信息——甚至是热水浴缸中的花洒出水时刻的信息，就是完全不同的事了。这些信息可以使电力公司变得更有效率，使它们能够更好地向客户提供市场；还可以帮助保险公司根据精算简况调整房主的保险费率；协助法庭传唤证人来支持法律地位，并协助盗窃活动进行犯罪计划。

关于智能电表的问题，欧盟（EU）表示，智能计量系统"能够大量收集个人数据，以追踪家庭成员在自己的家庭隐私范围内做什么（欧盟的重点），无论他们是离家度假还是在工作，是否有人使用特定的医疗设备或婴儿监视器，或者他们喜欢如何度过空闲时间。"[106]早在2010年，美国国家标准与技术研究院（NIST）写道："随着智能电网实施收集更细致、详细和潜在的个人信息，此信息可能会揭示在一个给定的位置的业务活动、制造过程和个人活动。因此，电力公司应该考虑建立隐私权保护措施，以保护这些信息。"[107]积极的行为远比保护隐私要重要得多——如果数据是可用的、不道德的、恶意的，并且犯罪计划将被秘密策划。

---

[105] Danny Weitzner（2012），"我们不能等待：奥巴马政府呼吁数字时代消费者隐私法案"，白宫的博客。

[106] 欧洲数据保护主管（2012年），"智能电表：EDPS说，如果不正确保护，消费者剖析跟踪将远远超过能源消耗"。

[107] 国家标准与技术研究所（2010），"智能电网网络安全指引：Vol.2，隐私和智能电网"智能电网互操作性小组——网络安全工作组，NIST。

智能电表消费数据的收集和维护不仅仅是提供前所未有的渠道来记录有关个人行为的信息。例如，电动汽车（EV）业主将会拥有关于电池特性的信息，以及上次充电的数据、时间和位置的记录信息。智能电表还经常作为消费者家庭的网站。通过这个网关，电力公司能够监控家庭中的设备，包括洗衣机、热水器、灯、HVAC（供热、通风和空气调节）系统、水池泵和普遍的（有点模糊的）物联网。因此，该电力公司可以切实有选择性地发信号通知任何启用的设备来改变这些设备的操作。凯文 · 阿什顿（Kevin Ashton）在 2009 年创造“物联网”（IoT）时，描述了这一技术监督，展现了一种通过计算机静悄悄地收集数据了解世界知识的新愿景。他说：“我们能跟踪和计算一切，这大大减少了浪费、损失和成本。我们会知道物品什么时候需要更换、修理或召回，以及它们是新的还是过时的。”[108] 事实上，随着电力公司从基础设施向服务的转变，电力行业的前瞻性思想家已经想到了这个愿景，目前正在思考和计划。

13.3 隐私，不是承诺

隐私和安全问题很复杂，但对于消费者来说，隐私保护有 3 个关键组成部分：同意、数据管理和治理。针对这 3 个因素，许多州和国家正在努力开发新的方法来满足隐私的考虑。

13.3.1 同意

消费者同意涉及收集、管理和传播 PII 及消费信息。根据数据的不同，如何管理和共享它们需要获得客户同意。虽然每个管辖权及其相关的监管机构都有利害关系，但任何职位都可能被上级执政机构，包括国家和超国家机构所压倒。

使用聚集的客户数据是通过掩盖客户身份来控制风险的一种方式，但仍然允许有用的数据分析调查。但是，鉴于数据分析工具的强大功能，逆向工程非常容易。召回美国在线（AOL）互联网用户号 4417749，搜索“在所有东西上撒尿的狗”和“60 岁单身男子”。搜索到她的数据在 2006 年与 65.7 万美国人

---

[108] Kevin Ashton（2009），“物联网”，*RFID* 杂志。

的信息一起发布，据称通过 AOL 以匿名形式发布。然而，通过接下来的点击流数据，《纽约时报》的记者们很容易锁定乔治亚州利尔本市的 62 岁的泰尔玛 · 阿诺德（Thelma Arnold）。[109] 这是一个冒昧的惊喜。

一些监管机构已经制定了要求聚合数据的规则，并禁止发布聚合数据（未经同意），除非该群组中至少有 15 位消费者。阿诺德女士很可能会表示这个数字是完全不够的。

欧盟规定，同意由明确和具体的肯定行为（具体选择加入）组成，特别侧重于在没有同意的情况下可以用用户数据做什么。按照这些思路，欧盟建议选择的法律依据不包括下列情形：

对于所有范围以外的处理，都需要给予无偿、具体、知情和明确的同意……（Ⅰ）提供能源；（Ⅱ）计费；（Ⅳ）检测包括未付费使用所提供的能源的欺诈；（Ⅴ）准备电网节能维护所必需的聚合数据。[110]

欧盟建议关于同意的进一步暗示是，客户不仅知道他们的数据是如何被使用的，而且还了解在他们个人住户简介中执行的数据分析中使用的任何算法的逻辑，以及什么事件可能导致他们断开连接或进一步审查。

在美国，隐私原则是“第四修正案”明确规定的《人权法案》的一部分，它阻止不合理的搜索和捕获。智能电表数据具体涉及法律保护，例如《电子通信隐私法》（ECPA）、《存储通信法》（SCA）、《联邦贸易委员会法》（FTC Act）、《隐私法》以及州级的规则和法规。在加拿大，安大略省信息和隐私专员（IPC）办公室 Ann Cavoukian 博士率先采用了隐私设计（PbD）框架，该框架要求在整个技术生命周期内实现嵌入式隐私和数据保护。

电力公司通过智能电表采集消费数据，现在可以获得关于家庭活动的详细信息。这种近实时计量可以被解释为人权问题。《世界人权宣言》第 17 条由大多数国家共同签署和批准，称：

1. 任何人不得对其隐私、家庭、住宅或通信进行任意或非法的干涉，也不得对其荣誉和声誉进行非法攻击；

---

[109] Michael Barbaro（2006），“为 AOL No. 4417749 搜索者暴露一张脸”，《纽约时报》。

[110] 第 29 条数据保护工作组（2013 年），《关于委员会智能电网工作组第二专家组编写的 DPIA 模板的第 04/2013 号意见》。

2. 人人有权保护法律免受这种干扰或攻击。[111]

《欧洲人权公约》(1950 年) 第 8 条：尊重私人和家庭生活的权利，更明确地指出：

1. 人人有权享有使自己的私人和家庭生活、家庭和通信得到尊重的权利；

2. 除依照法律规定，在民主社会中，为维护国家安全、公共安全、国家的经济福利的利益，为防止混乱或犯罪，为保护健康或道德，或为保护他人的权利和自由外，公共机构不得依法行使这一权利。[112]

即使是外行人，很明显这些文章勉强称得上给我们一个考验。我们的大数据分析项目干扰客户隐私吗？如果是这样，侵权活动符合法律吗？此外，对于欧洲国家，侵权行为是否符合《欧洲人权公约》第 8 条所述的社会的任何具体利益？侵权是维护民主社会的必要组成部分吗？

虽然几十年前，我们务实地谈论公平的信息实践，但同意隐私是一项人权，数据隐私也不例外。事实上，荷兰议会拒绝强制推出智能电表，部分原因是它可能违反了《欧洲人权公约》第 8 条。从那时起，数据隐私政策、保护政策和治理法规的制定工作更加严肃。显然，同意是保护普遍人权的关键功能，如果对智能电表数据本身造成了如此大的混乱，那么这个问题只会因为电力公司寻求从各种设施和第三方系统中混合许多数据点而变得复杂。最初就建立适当的保护措施不仅可以确保数据保护，而且还可以提供一个框架，以支持电力公司希望分析的数据采集技术和系统的持续创新，获得进一步的价值和投资回报率 (ROI)。

13.3.2 数据管理

公共政策不能充分解决隐私和安全方面的问题；相反，解决方案必须嵌入到技术设计中。这就是隐私设计，Cavoukian 博士在 20 世纪 90 年代开发了解决信息、通信、技术 (ICT) 和大规模网络系统的新兴系统的作用问题。她有先见之明的工作被转移到智能电网的领域，不仅包括商业实践，还包括信息系统的关键作用以及计算和网络基础设施本身的物理设计，并继续报告大数据分析

---

[111] 联合国大会 (1966 年),《公民权利和政治权利国际公约》。

[112] 《欧洲人权公约及其五项议定书》(1950 年)。

的一般做法。

根据数据管理的连续性，从收集到安全转移和最终存储数据，持续保证数据隐私的最大风险是无限期地存储。如果它们存在，保留政策很少与所收集数据的初始目的一致。但是它们像无限期存储那样轻易地增加了数据泄露的风险。在软件工程环境中，有一个经典的认识是，源代码的实体增长越快，接触维护和增强的代码的工程师越多——代码库的应用程序变得更脆弱、更有缺陷、更易于利用。同样的原则在数据管理领域也是如此：随着数据量的增长，信息技术环境变得越来越复杂，保护数据的难度越来越大。

电力公司必须在构建智能电网数据分析平台的早期阶段确定什么将对汇入电力公司的各种类型数据有敏感性，特别是在开发新产品和服务时。这是一项非常困难的任务。对未来的电力公司将如何转变并不是十分明确，随着大量的数据被处理掉，最大的成本被认为是存储。然而，这将使治理和合规性几乎不可能。大数据管理必须具有包括对遵守现有和新兴政策的数据进行审计的能力，部分审计方案将包括确保符合数据保留要求以及数据销毁要求。在一些地方，这将是相当复杂的，因为数据管理策略将需要遵守与消费者特别同意的隐私相同的期望。

13.3.3 治理

数据治理是一门学科，而不是不相关的实践。数据管家或保管人的作用是确保通过系统的流程和方法正确处理数据。然而，这是大数据行业（特别是受监管行业）的一个“肮脏”的小秘密，尽管分析大数据可以为几乎任何企业带来难以置信的优势，但是提供有效治理和接受隐私法规的斗争是决定性的。

监管实体必须努力执行所需治理，而数据世界中更快速的玩家——包括谷歌，在2014年以32亿美元收购了Nest Labs——突然闯入能源领域，这似乎不公平。[113] 虽然许多电力公司及其监管机构在如何保证适当的数据处理实践上并不确定如何让客户放心，然而Nest Labs通过提供成功的家庭协调服务模式发起冲锋，从智能恒温器开始。可控恒温器长期以来一直是电力公司的权限，

[113] ROLF Winkler和Daisuke Wakabayashi（2014），“谷歌以32亿美元购买Nest Labs”，《华尔街日报》。

但是电力公司将智能电表作为通往家庭的网关的一个优势很可能已经被严重削弱了。这源于很多影响因素，但这无疑是一个暗示，公众对电力公司中数据治理的问题的期望将如何阻碍电力供应商的竞争能力。如果监管机构致力于隐私执法和保护（并且它们将这样做），那么对于任何电力公司来说，私营企业竞争以向能源消费者提供数据支持服务将仍然是一个巨大的挑战。

当然，人们相信他们的个人数据在毁坏之前是私人的、受保护的，这是完全合理的；尽管数据是否可以被清除的问题使这成为一个更大的泥潭。数据治理的负担是个问题，它肯定会在未来几年引起骚动，特别是受监管的电力公司致力于重塑其业务模式。它并不是说谷歌没有数据治理，它们肯定在做。正确处理数据的能力是电力公司业务的基础。到目前为止，它们只是期望在竞争优势方面，对于如何实施其治理举措是不透明的。

数据治理将永远是能源提供商在其大数据工作中的重要关注点，因此，需要跟踪数据、修复故障，并对其活动进行审计和报告。事实上，在实施大数据分析程序的早期阶段，由于电力公司中的孤岛，在电力公司内部或与伙伴合作时很容易错误地处理数据。在此过程早期建立数据管家是推出企业级的数据分析平台的一个重要方面，特别是随着监管要求的快速变化和出现。

13.4 加强隐私

国际知名的安全技术专家布鲁斯 · 施奈尔（Bruce Schneier）讨论了“要持续提升社会信任”，引起了在数字世界中解决复杂的合作问题的一个举措。他在他的著作*Liars and Outliers*中探讨了这个问题，他描述了这个困境，他说：“在没有个人关系的情况下，我们别无选择，只能以安全取代信任，以守法取代守信。这种进步使社会能够延展到前所未有的复杂局面，也带来大规模的全球性失败。”[114] 如果电力公司未来想成为社会的有用实体，那么信任和安全的问题对社区和客户来说至关重要。

立法者、监管机构、公司、技术人员和公民对安全和隐私权的思考方式正

---

[114] Bruce Schneier（2012），“言外之言：相信社会需要繁荣”，John Wiley & Sons Inc。

在发生变化。特别是，我们允许同意、管理和使用数据的方式正在改变传统的方法。

13.4.1 使同意成为可能

我们都熟悉这些冗长而繁重的、很少有人真正读懂的条款和条件声明，因为我们很快就会通过复选框（通常使用浏览器的自动填充功能）来尽快获得所需的应用程序或服务。但这并不意味着消费者不关心隐私：当 Facebook 或 Google 询问我们是否会对我们期望的隐私进行免费服务交易时，我们中的许多人选择同意。有一个非常直接的附加价值，且对于部分低投入低收入的消费者来说，是一个明确的选择。在电力供应领域，没有明显的好处，许多人对于追踪行为，特别是商品产品供应商对于他们的行为进行跟踪的想法感到非常愤怒。这是一个敏感点，特别是当消费者清楚电力公司现在能够挖掘敏感数据——而且他们可以出于任何原因做这些事情，即使保持电源电线和电子流动不是绝对必要。对于电力公司来说，这是一个危险的立场：客户数据只是一种企业资产。

在电力业务方面，选择加入和选择退出作为同意的功能机制是复杂的。在很大程度上，由于客户强烈反对使用智能电表——包括担心“电力间谍计划”——越来越多的司法机构通过选择保留模拟电表提供选择退出计划，有时有“相关”费用（一些消费者称之为“敲诈勒索”）。而在强制的智能电表已经作为政策问题被拒绝的地区，现在通过明确的选择加入自愿参与规则。虽然许多人会认为这些情况是对电力公司不信任的清晰示范，但值得考虑的是，电力公司只是严重错误估计了当今客户关系的性质，电力公司提供商品且在供应商（竞争市场）中没有实质的差异化。相反，消费者对成本极度敏感，直到最近出现了气候变化的问题，消费者仍并不关心他们的电力是否由农妇在编织筐中携带电子提供的。如果从一开始就没有将客户的疑虑放在首位，那么客户会反对电力公司实施智能电表，这只是公众不愿接受公认的大数据分析计划的一个预示。

通知和同意一直是个人隐私的基础，但在大数据世界中，这是不可持续的，无论是在数据层面的应用，还是在个人层面难以置信的负担。另外，在很多情况下，马已经离开了谷仓：为所有已经被收集、使用和驻留在企业黑暗角落的所有数据提供同意没有回头路。展望未来，确保隐私保护是对提供使用数据的企业的一种正视。就此而言，行业必须认识到合适的数据收集方案的重要性，并对数据的处理和使用情况负责。明确同意的概念可能会在未来 10 年的大数据中发生变化和转变，并被归结为一个模型，专注于控制可接受的数据使用而不是数据本身。

13.4.2 使数据最小化

如同意一样，数据最小化的作用正在随着收集、处理和新存储方法中大数据的普及而发生变化。多年来，至少在美国和欧盟国家，最小化更多地针对数据源，在采用“合理”的数据收集规定的情况下。大数据分析正在改变这一情况，因为有大量的数据需要从中提取有意义的价值。因此，由于传统的数据最小化方法破坏了大数据，所以从收集点到使用点的数据最小化是一种转移。

推动隐私和数据保护原则的新框架在数据最小化中是有难度的，这是一个事实。新出现的观点认为，隐私的期望必须根据社会价值进行衡量，从而升华最小化的需求（可能甚至是某些形式的同意）。隐私倡导者 Omer Tene 和 Jules Polonetsky 建议使用风险矩阵，《斯坦福法律评论》中陈述了关于“隐私悖论”的以下内容：“一个协调一致的框架需要考虑数据使用方式对个人自主和隐私权带来的潜在风险。未来，在数据使用的益处明显超过隐私风险的情况下，即使个人拒绝同意，也应该考虑处理的合法性。”[115]

13.4.3 元数据的作用

与大数据隐私相关的关键问题是数据质量和准确性，特别是当数据中包含 PII 时，因为不准确的数据可能会导致结果出错，从而产生负面影响。如果这些错误涉及特定的消费者或一类可能被某一数据分析所针对的消费者，事情可能特别麻烦。各种形式的数据质量问题可以为数据隐私提供重要的指导原则：所收集的数据应与其预期的使用目的直接相关。

为了确保数据尽可能准确，需要采用双管齐下的方法：数据质量要求和评估。然而，随着大量信息流入电力公司和速度的增加，检查数据的每个字节是不可行的。相反，创建一个全面的描述性元数据系统是富有成效的。有了这样一个适当的系统，挑战就转移到了创建一个可用作前线防御的底层数据的描述。

---

[115] Jules Polonetsky 和 Omer Tene（2012），“大数据时代的隐私：大决策的时代”，斯坦福法律评论。

长期以来，元数据的重要性因其数据管理的本质而著称，而且在大数据时代，其价值更大。事实上，元数据的重要性正在以令人惊讶的方式出现，甚至可能在元数据本身中找到关系，以暴露系统问题或是分析师寻找的特殊信息，然后深入挖掘实际数据。

元数据对于在大量信息中发现不准确数据的过程至关重要，但它甚至可以通过帮助了解数据属性来指导数据分析功能。此外，元数据为数据质量监控提供基础。

13.5　未来的电力公司是一个很好的合作伙伴

电力公司正在从单向网络转变为分布式能源（DER），这种转变带来了行业的商业模式是否必须改变的问题。虽然高级分析可能是关键的使能技术，但只有客户本身才是在生产和管理能源方面发挥最重要作用的部分，最终实现全新的经济体系。在未来的电力公司中，客户不是纳税人，他们是合作伙伴。而成功的伙伴关系并不是“剥削”，也不是通过成为一个“好人”形成的，而是通过建立一种以相互增加价值为基础的社会公平形式形成的。

电力公司在智能电表的实施方面已经走了很远，它们正在努力通过更先进的技术，特别是传感器和控制设备来装备电网。这一进步是实现电网在包括越来越多的间歇式发电源的生态系统中保持稳定和弹性的关键。毫无疑问，对各种数据的涌入进行大数据分析将是发现和实施电网优化和引入效率的关键，可以从根本上推进电力公司的业务模式。在它的演进过程中，电力行业很可能会发现自己陷入了各种参与式商业模式的互联网络中，客户可通过接口直接与配电网沟通。而且如今的技术基础架构与未来的电力公司之间还存在许多技术挑战。

洛基山研究所（Rocky Mountain Institute）描述了在电力公司拥有和经营的配电系统和客户、电力公司和第三方之间如何共享业务和控制接口：“分布式资源提供的服务可以包括能源和能力，以及辅助服务诸如提供储备金、黑启动能力、无功功率和电压控制。”[116] 在需要这种变化的极端条件的背景下，对弹性和可靠性的需求在持续增加，对可负担得起的太阳能光伏（PV）解决方案以及日益增长的面向小型、局部发电一体化的文化转变也在增加。

行业观察家们认为该行业已经成熟了，这并不奇怪，主要是因为清洁发电资源和利率结构的优先级不能满足对客户的服务价值。电力公司可以抵御这一趋势，并将未来多年的实践反复地转向监管机构，以提高其余客户的费率，或者它们也可以将这种形式视为一种适应新业务的机会，因为即使这些电力公司失去其具有更低的资源的客户，仍然需要提供一个灵活和可预测的互联电网，以及增加越来越多的物资。为什么电力公司要把握住这个戏剧性变革的机会呢？不只是为了生存，更是为了茁壮成长。

蓬勃发展需要对核心竞争力投资。当然，电力公司将被要求对更智能的技术进行大量投资，以帮助满足这种快速变化的能源生态系统的需求。目前有几个机会，每一个举措都需要信息技术的改进以及快速利用各种大数据源来支持这些模型的能力。事实上，如果没有全面实现的数据分析程序，电力公司将无法创新，以获取新的利润机会。一个不太遥远的偶然机会，包括支持自动价格信号、帮助管理配电系统中的耗材，以及建立一个经济系统，可以对其服务的客户进行适当的补偿，但对他们从电网中获得的电力和其他设施进行适当的收费。

智能电网数据分析启用了新的商业模式。未来希望增加潜力的电力公司将探索、整合和实施新的服务，为电力客户和类似的电力公司创造价值。大数据分析不仅仅是一个短暂的现象——还从根本上改变了电力公司的运营方式和与客户互动方式的关键。不要被停车场的流行语：“大数据”“大能量”“大价值”所干扰，而要重点关注对基本商业模式的重新思考并且认识到即使是一个世纪的可靠电力供应在未来也不能保证任何效果。优化的电力公司只能把希望寄托于数据分析的力量和后续的高价值运营上，从而改变业务的完成方式。

---

[116] Rocky Mountain Institute（2013），“分布边缘的新商业模式”。

关键词

第1章

3V 大量、高速和多样

ARRA 2009 年美国复苏与再投资法案

DER 分布式能源

DMS 配送管理系统

EIA 美国能源信息管理局

EPRI 电力研究所

ETL 提取—转换—加载

IT 信息技术

MDMS 电表数据管理系统

OMS 断电管理系统

OT 运营技术

ROI 投资回报率

SCADA 监控和数据采集

第2章

AaaS 分析即服务

API 应用程序编程接口

COTS 商业现成软件

DAMA 数据管理国际

HTTP 超文本传输协议

IaaS 基础设施即服务

IT 信息技术

MDM 主数据管理

PUBSUB 发布订阅消息传递模式

ROI 投资回报率

SOA 面向服务的架构

SSOD 单源数据

SSOT 单一真相源

第 3 章

C&I 商业和工业

FIFO 先入先出

IEEE 电气与电子工程师学会

IoT 物联网

NIST 国家标准与技术研究院

ROI 投资回报率

SOA 面向服务的架构

T&D 传输和分发

TAFIM 开放组体系结构框架

第 4 章

GIS 地理信息系统

第 5 章

BI 商业智能

C&I 商业和工业

DROMS 需求响应优化和管理系统

FERC 联邦能源管制委员会

FLISR 故障定位、隔离和服务恢复

kW · h 千瓦 · 时

NILM 非侵入式负荷监控

MW 兆瓦

ROI 投资回报率

VAR 伏安无功

第6章

AMI 高级计量基础设施

API 应用程序编程接口

CAISO 加州独立系统运营商

CIM 通用信息模型

CRN 合作研究网络

DA 配电自动化

DER 分布式能源

DMS 配送管理系统

FLISR 故障定位、隔离和服务恢复

IEC 国际电工委员会

IEEE 电气与电子工程师学会

ISO 独立系统运营商

KPI 关键绩效指标

NIST 国家标准与技术研究院

NRECA 国家农村电力合作协会

OMS 断电管理系统

PEV 插电式电动车

ROI 投资回报率

SCADA 监控和数据采集

第7章

ATM 自动取款机

BG&E 巴尔的摩天然气和电力

CRM 客户关系管理

GIS 地理信息系统

HAN 家庭网络

HEMS 家庭能源管理系统

HER 家庭能源报告

HVAC 供热通风与空气调节

IHD 家用终端显示

IPO 首次公开招股

KPI 关键绩效指标

KTLO 点亮灯光

MTKD 到厨房抽屉的平均时间

PLC 电力线载波

ROI 投资回报率

SMUD 萨克拉门托市公用事业部

第 8 章

APT 高级持续威胁

BPL 电力线宽带

CERTS 电力可靠性解决方案联盟

CIP 关键基础设施保护

CTO 首席技术官

EEI 爱迪生电气研究所

FAA 联邦航空管理局

FBI 联邦调查局

GAO 政府审计局

ICS-CERT 工业控制系统网络应急响应小组

ICT 信息和通信技术

IP 互联网协议

NASA 美国国家航空航天局

NCCIP 国家网络安全和关键基础设施保护

NERC 北美电力可靠性公司

PMU 相量测量单位

NCCoE 全国卓越网络安全中心

SANS 系统管理、网络和安全研究所

SCADA 监控和数据采集

SPAWAR 太空和海军作战系统司令部（美国海军）

SQL 结构化查询语言

UN 联合国

USD 美元

第9章

CPU 中央处理器

DRMS 需求响应管理系统

DSM 需求侧管理

DMS 配送管理系统

DER 分布式能源

EDI 电子数据交换

XML 可扩展标记语言

ETL 提取—转换—加载

FIFO 先入先出

GIS 地理信息系统

IED 智能电子设备

IP 互联网协议

IoT 物联网

MDMS 电表数据管理系统

OMS 断电管理系统

PMU 相量测量单元

PEV 插电式电动车

ROI 投资回报率

Volt/VAR 电压 / 伏安无功

第10章

API 应用程序编程接口

CPU 中央处理单元

DAS 直连存储

XML 可扩展标记语言

ETL 提取—转换—加载

FTP 文件传输协议

GIS 地理信息系统

HDFS Hadoop 分布式文件系统

HPC 高性能计算

HTTP 超文本传输协议

IMDB 内存数据库

I/O 输入 / 输出

IOPS 每秒输入 / 输出操作次数

MMDB 主内存数据库

NAS 网络连接存储

NoSQL 非关系型的数据库

NVDIMM 非易失性双列直插式内存模块

OODBMS 面向对象的数据库管理系统

RDBMS 关系数据库管理系统

PMU 相量测量单元

SCADA 监控和数据采集

HTTPS 安全超文本传输协议

SQL 结构化查询语言

TVA 田纳西河流域管理局

URL 统一资源定位符

第 11 章

CEP 复杂事件处理

DBMS 数据库管理系统

DR 需求响应

DSMS 数据流管理系统

HDFS Hadoop 分布式文件系统

KPI 关键绩效指标

M&V 测量和验证

PCA 主成分分析

ROI 投资回报率

SCADA 监控和数据采集

SQL 结构化查询语言

第12章

BI 商业智能

C&I 商业和工业

CAISO 加州独立系统运营商

DSM 需求侧管理

GIS 地理信息系统

IED 智能电子设备

第13章

AOL 美国在线

ECPA 电子通信隐私法

EU 欧盟

EV 电动汽车

FTC 联邦贸易委员会

HVAC 供热通风与空气调节

ICT 信息、通信、技术

IoT 物联网

IPC 信息和隐私专员

NASA 美国国家航空航天局

NIST 国家标准与技术研究院

PbD 隐私设计

PII 个人可识别信息

PV 光伏

ROI 投资回报率

SCA 存储通信法

USD 美元